上海大学出版社

2005年上海大学博士学位论文 53

简单光滑乘子精确罚函数的理论和方法

● 作 者： 姚 奕 荣

● 专 业： 运 筹 学 与 控 制 论

● 导 师： 张 连 生

Shanghai University Doctoral
Dissertation (2005)

The Theory and Method of the Simple Smooth Multiplier Exact Penalty Function

Candidate: Yao Yirong
Major: Operations Research and Control Theory
Supervisor: Zhang Liansheng

Shanghai University Press
· Shanghai ·

摘　要

现代科学、经济和工程的许多问题有赖于相应约束非线性规划问题的全局最优解的计算技术。约束非线性规划问题已广泛涉及许多重要的领域，其中包括经济、金融、网络与运输、数字集成设计、图像处理、化学工程设计与控制、分子生物学、环境工程及军事科学等等。在过去的几十年间，由于约束非线性规划在许多领域的重要应用，其理论和方法已得到了很大的发展。求解约束非线性规划的重要途径之一是把它转化为无约束问题求解。而罚函数方法是将约束规划问题无约束化的一种主要方法，它是通过求解一个或多个罚问题来得到约束规划问题的解。如果单一一个罚问题的最优解是原约束问题的最优解，则称此罚问题中的函数为精确罚函数，否则称为序列罚函数。若罚函数 $p(x)$ 是 x 的光滑函数，称 $p(x)$ 为光滑的。若罚函数 $p(x)$ 只是由目标函数和约束函数组成，而不包含它们的梯度称 $p(x)$ 为简单的。若罚函数 $p(x)$ 既是光滑的，又是简单的，则称它为简单光滑罚函数。而传统罚函数是精确的、简单的，则一定非光滑的，为此要使罚问题既简单、又光滑且精确，则必须改变传统罚函数的定义，且要引进有关的乘子。传统罚函数的定义为：$p(x)=0 \Leftrightarrow x \in S$。改造后的罚函数的定义为：$x \in S \Rightarrow p(x) \geqslant 0$，甚至于 $p(x) < 0$，$x \overline{\in} S$，$p(x) > 0$ 且远大于当 $x \in S$ 时的值。我们将定义一类简单光滑乘子精确罚函数。本文构造和研究了指数型和对数型两类简单光滑乘子精确罚函数，我们用比较初等的方法证明这两类简单光滑乘子精确罚函数问题的简单光滑精确性质，以及与原问题局部最优解、全局最优解的关系。找出了原问题的KKT乘子与罚问题的乘子参数、罚参数间的关系，并对原问题的KKT乘子进行了估计，给出了计算原问题的一种牛顿算法，并把它们应用于某类凸规划问题，数值试验表明所给方法是有效的。此外我们还研究了混合整数规划中的精确罚函数。

本文结构如下：

第一章简要介绍了目前国内外关于罚函数的研究工作状况和简单光滑乘子精确罚函数的概念。第二章研究了指数型简单光滑乘子精确罚函数以及它的全局近似精确罚性质，并得出了原问题的KKT乘子与指数型乘子精确罚问题的乘子罚参数间的近似关系，当满足一定的约束品性条件下，对原问题的KKT乘子进行摄动，我们得出了相应罚问题的全局最优解。对此我们引入简单光滑指数型乘子精确罚函数把一个光滑凸规划的极小化问题化为紧集X上强凸函数的极小化问题，然后在给定的X上用牛顿法对此强凸函数进行极小化。数值例子表明我们给出的求解一类凸规划的算法是行之有效的。第三章构造了对数型简单光滑乘子精确罚函数。首先我们证明了原问题和相应的罚问题全局最优解的近似等价性。在二阶最优性充分条件下，我们给出了对数型乘子精确罚函数的局部精确罚性质，即当罚参数充分大时，原问题满足二阶最优性充分条件的局部极小点是对数型乘子精确罚函数的严格局部极小点。进一步，根据得出的解的近似等价性，我们给出了原问题的

KKT 乘子与相应罚问题中的乘子参数之间的关系。然后，我们又分别给出了对数型乘子精确罚函数的弱对偶和强对偶定理并对乘子进行有效的估计，最后，设计了一个对数型简单光滑乘子精确罚函数的简单算法。给出的数值例子说明通过解对数型乘子罚问题以求原问题的方法是切实可行的。第四章考虑混合整数规划中的精确罚函数，并给出了原问题与其相应的罚问题全局最优解的等价性的几个充分条件，此外对于线性混合整数规划，找出了和 KKT 乘子罚参数之间的关系式。

关键词 非线性规划，乘子精确罚函数，KKT 乘子，牛顿法，混合整数规划

Abstract

Many problems in science, economics and engineering rely on numerical techniques for computing optimal solutions to corresponding constrained programming problems. Constrained nonlinear programming problems abound in many important fields and they include economic modelling, finance, networks and transportation, databases and chip design, image processing, chemical engineering design and control, molecular biology, environmental engineering, militantness and so on.

During the past several decades, great development has been obtained in the theoretical and methods aspects of constrained nonlinear programming due to the important practical applications. One of the important approch for solving constrained nonlinear programming is to convert it into unconstrained problem. Penalty function methods are pravailing approach to implement transformation. They seek to obtain the solutions of constrained programming problem by solving one or more penalty problems. If optimal solution of one penalty problem is that of the primal problem, then the corresponding penalty function is called exact penalty function. Otherwise it is called sequential penalty function. If the penalty function $p(x)$ is a smooth function of x, then $p(x)$

is called smooth. If the penalty function $p(x)$ only is made by objective function and constrained function， and do not contain their gradiant， $p(x)$ is called simple. If penalty function $p(x)$ is both smooth and simple， $p(x)$ is called simple smooth penalty function. And traditional penalty function is exact，it must be nonsmoothed. Therefore if in order to the penalty problem is simple as well as smoothed， then we have to change the definition of the traditional penalty function and which depends on the multipliers of primal problen. The definition of the traditional penalty functions：

$$p(x)=0 \Leftrightarrow x \in S$$

and the definition of improved simple smoothed multipliers penalty function： $x \in S \Rightarrow p(x) \geqslant 0$， even $p(x) < 0$； $x \overline{\in} S$， $p(x) > 0$， and over great a value of $p(x)$ for $x \in S$.

We will define a kind of simple smooth multipliers exact penalty function. In this paper we will discuss two kinds of exponential and logarithmic simple smooth multipliers exact penalty function. We will prove the exact properties of these two kinds of simple smooth multipliers exact penalty functions. And the relation of local and global optimal solution for penalty problem with primal problem. We find out a kind of relation between the KKT multipliers of primal problem and multipliers penalty parameters of penalty problem. Furthermore， we estimate the KKT mutipliers for primal problem and give an algorithm for computing primal problem. We apply them for some kinds convex programming problem, the numerical experiment show that it is effective. Furthermore, we also discuss the exact penalty functions in mixed-integer programming.

The present thesis is organized as follows: In chapter 1, we give a brief introduction to the existing research work on penalty functions and the concept of the simple smooth multipliers exact penalty function. In chapter 2, we discuss an exponential simple smooth multipliers exact penalty function and its global approximate exact penalty property, and we obtain an approximate relation between KKT multipliers of primal problem and mutiplier penalty parameters of the penalty problem. Under the some constraint qualifications, perturbing the KKT multipliers of primal problem, we may get the global optimal solution of the corresponding penalty problem. Thus, we reduce minimizing a smooth convex programming to a minimizing strong convex function on compact X, using exponential simple smoothed mutiplier exact penalty function, then a Newton method for minimizing the strong convex function on X is given. The numerical exmaples show that the method is effective. In chapter 3, we construct a logarithmic simple smooth mutiplier exact penalty function. First, we prove the approximate equivalence of global optimal solution for primal problem and correspending penalty problem. Under the second order optimal sufficiency condition, we obtain the local exact penalty property i. e.

when penalty parameter is sufficiently large, any local minimum satisfying the second order optimal sufficiency condition is a strict local minimum of the logarithmic multiplier exact penalty function. Furthermore, according to obtained approximate equivalence property of the solution, we give a kind of relation between the KKT multipliers of primal problem and multiplier parameters of corresponding penalty problem. Then, we respectively give weak and strong duality theorem of logarithmic multiplier exact penalty function and effectively estimate of multipliers. Finally, we design an algorithm to logarithmic simple smooth mutiplier exact penalty function. The mumerical examples show that it is effective to solve the logarithmic multiplier exact penalty problem in order to solve the primal problem. In chapter 4, we consider exact penalty function in mixed-integer programming. Several sufficient conditions are proposed for the equivalance of the global optimal solutions between the primal programming and penalty problem. In addition we find out relationship between KKT multipliers and penalty parameters in the case of linear mixed-integer programming.

Key words Nonliear programming, Multiplier exact penalty function, KKT multipliers, Newton method, Mixed-integer programming

目　　录

第一章　基本概念及相关结论

1.1　问题的阐述

考虑如下约束非线性规划问题

$$
\begin{aligned}
(P)\quad & \min \quad f(x) \\
\text{s.t.}\quad & g_i(x)\leqslant 0 \quad (i=1,2,\cdots,m) \\
& x\in X
\end{aligned}
\tag{1.1.1}
$$

其中 f, $g_i(i=1,2,\cdots,m)$ 是定义在 R^n 上的非线性连续可微函数，X 是 R^n 的一个子集，$x=(x_1,x_2,\cdots,x_n)^T$ 是 n 维向量。集合

$$S=\{x\in X \mid g_i(x)\leqslant 0,\ i=1,2,\cdots,m\}$$

表示为问题(P)的可行域。S 中的点称为问题(P)的可行点。

设 $x^*\in S$，若存在 x^* 的领域

$$O(x^*,\delta)=\{x \mid \|x-x^*\|<\delta,\ \delta>0\}$$

使对任意 $x\in S\cap O(x^*,\delta)$ 成立

$$f(x^*)<f(x),$$

则称 x^* 为问题(P)的严格局部极小点。

设 $x^*\in S$，若对任意 $x\in S$，成立

$$f(x^*)<f(x),$$

则称 x^* 为问题(P)的严格全局极小点。记 $L(P)$ 和 $G(P)$ 分别表示问题(P)的局部极小点和全局极小点的集合。

如何寻求问题(P)的局部极小点和全局极小点的方法是我们需要研究和探讨的课题。

1.2 相关定义和结论

假定问题(P)的可行域 S 为紧的,对任何 $x \in X \subset R^n$,我们定义指标集如下:

$$I(x) = \{i \mid g_i(x) = 0,\ i = 1, 2, \cdots, m\},$$

$$I^+(x) = \{i \mid g_i(x) > 0,\ i = 1, 2, \cdots, m\},$$

$$I^-(x) = \{i \mid g_i(x) < 0,\ i = 1, 2, \cdots, m\}$$

显然 $I(x) \cup I^+(x) \cup I^-(x) = \{1, 2, \cdots, m\}$,
问题(P)的 Lagrange 函数 $L: R^n \times R^m \rightarrow R$
定义为

$$L(x, \lambda) = f(x) + \lambda^T g(x)$$

其中

$$\lambda = (\lambda_1, \lambda_2, \cdots, \lambda_m)^T,\ g(x) = (g_1(x), g_2(x), \cdots, g_m(x))^T$$

若对 $x^* \in S$,存在 $\lambda^* \in R^m$,使得

$$\nabla L(x^*, \lambda^*) = 0$$

$$\lambda_i^* g_i(x^*) = 0,\ i = 1, 2, \cdots, m$$

$$\lambda_i^* \geqslant 0,\ i = 1, 2, \cdots, m$$

则称 x^* 为问题(P)的KKT点,λ^* 为与 x^* 相对应的KKT乘子向量,其中 $\lambda^* = (\lambda_1^*, \lambda_2^*, \cdots, \lambda_m^*)^T$,$\lambda_i^* g_i(x^*) = 0,\ i = 1, 2, \cdots, m$,称为互补松弛条件。

若对所有 $i \in I(x^*)$，$\lambda_i^* > 0$，则称在 x^* 处严格互补松弛条件成立。

定理 1.2.1 （KKT 必要条件，见[1]定理 4.2.13）设在问题（P）中，x^* 为可行点，f，$g_i(i \in I(x^*))$ 在 x^* 可微，$g_i(i \overline{\in} I(x^*))$ 在 x^* 连续，并且 $\nabla g_i(x^*)$ $(i \in I(x^*))$ 线性无关。

若 x^* 是局部极小点，则存在 $\lambda_i^* \in R_+^m$，使得

$$\nabla f(x^*) + \sum_{i \in I(x^*)} \lambda^* \nabla g_i(x^*) = 0$$

此外 $g_i(i \overline{\in} I(x^*))$ 在 x^* 也可微，则 KKT 条件可写成

$$\nabla f(x^*) + \sum_{i=1}^{m} \lambda_i^* \nabla g_i(x^*) = 0$$

$$\lambda_i^* g_i(x^*) = 0,\ i = 1,\ 2,\ \cdots,\ m$$

$$\lambda_i^* \geqslant 0,\ i = 1,\ 2,\ \cdots,\ m$$

下面，对于凸规划，给出最优解的充分条件。

定理 1.2.2 （见[1]定理 4.3.8） 设 f，$g_i(i = 1,\ 2,\ \cdots,\ m)$ 在 R^n 上连续可微，且设 f，$g_i(i = 1,\ 2,\ \cdots,\ m)$ 是凸函数，若在 x^* 处 KKT 必要条件成立，则 x^* 是全局极小点。

定理 1.2.3 （二阶充分条件）（见[1]定理 4.4.2）设在问题（P）中，f，$g_i(i = 1,\ 2,\ \cdots,\ m)$，在 R^n 上二次可微，x^* 为 KKT 点，且 λ_i^* 为 Lagrange 乘子，记

$$I^+ = \{i \in I(x^*) \mid \lambda_i^* > 0\},\ I^0 = \{i \in I(x^*) \mid \lambda_i^* = 0\}$$

$L(x)$ 在 x^* 的 Hessian 阵为

$$\nabla^2 L(x^*,\ \lambda^*) = \nabla^2 f(x^*) + \sum_{i \in I(x^*)} \lambda_i^* \nabla^2 g_i(x^*)$$

其中 $\nabla^2 f(x^*)$，$\nabla^2 g_i(x^*)$ $(i \in I(x^*))$ 分别是 f，$g_i(i = 1,\ 2,\ \cdots,\ m)$ 在 x^* 的 Hessian 阵。

定义锥

$$C=\{p\mid \nabla g_i(x^*)^T p=0,\ i\in I^+,\ \nabla g_i(x^*)^T p\leqslant 0,\ i\in I^0\},$$

于是，$\forall p\in C$,都有

$$p^T\nabla^2 L(x^*,\lambda^*)p>0,$$

则 x^* 为严格的局部极小点。

定理 1.2.4 （二阶必要条件）（见[1]定理 4.4.3）设在问题（P）中，f, $g_i(i=1,2,\cdots,m)$ 在 R^n 上二次可微，x^* 为局部极小点，Lagrange 函数在 x^* 的 Hessian 阵为

$$\nabla^2 L(x^*,\lambda^*)=\nabla^2 f(x^*)+\sum_{i\in I(x^*)}\lambda_i^*\nabla^2 g_i(x^*)$$

其中 $\nabla^2 f(x^*)$, $\nabla^2 g_i(x^*)$, $i\in I(x^*)$ 分别是 f, g_i, $i\in I(x^*)$ 在 x^* 的 Hessian 阵。

假定 $\nabla^2 g_i(x^*)$, $i\in I(x^*)$ 线性无关，则 x^* 为 KKT 点，且对 $\forall p\in C=\{p\neq 0\mid \nabla g_i(x^*)^T p\leqslant 0\quad i\in I(x^*)\}$ 成立 $p^T\nabla^2 L(x,\lambda)p\geqslant 0$。

通常对于求解非线性规划问题方法，应当要求它具有有关的收敛性，而要判断其有效性，除了可以看它是否具有收敛性之外，衡量的重要标准是它的收敛速度。下面我们将介绍有关的收敛性和敛速的一些定义。

定义 1.2.1 （局部收敛性）设 x^* 为问题的解，存在 x^* 的某邻域 $O(x^*,\sigma)$, $\sigma>0$，对初始点 $x_0\in O(x^*,\sigma)$，由算法产生的点列 $\{x_k\}$，总成立 $\lim\limits_{k\to\infty}x_k=x^*$。

定义 1.2.2 （全局收敛性）设 x^* 为问题的解，对任 $x_0\in R^n$，由算法产生的点列 $\{x_k\}$，总成立 $\lim\limits_{k\to\infty}x_k=x^*$。

定义 1.2.3 （局部线性敛速）$\{x_k\}$ 为由算法产生的点列，x^* 为问题的解，若成立 $\|x_{k+1}-x^*\|\leqslant C\|x_k-x^*\|$，或 $|f(x_{k+1})-f(x^*)|\leqslant C|f(x_k)-f(x^*)|$，这里 $k\geqslant k_0$, $k_0>0$ 为某正整数，

$0<C<1$，则称点列$\{x_k\}$具局部线性敛速。

定义 1.2.4 （一致线性敛速）$\{x_k\}$为由算法产生的点列，x^*为问题的解，若成立$\|x_{k+1}-x^*\| \leqslant C\|x_k-x^*\|$，或$|f(x_{k+1})-f(x^*)| \leqslant C|f(x_k)-f(x^*)|$，对所有$k=1, 2, \cdots$，$0<C<1$，则称点列$\{x_k\}$具一致线性敛速。

定义 1.2.5 （局部q-二次敛速）$\{x_k\}$为由算法产生的点列，x^*为问题解，若成立$\|x_{k+1}-x^*\| \leqslant L\|x_k-x^*\|^2$，或$|f(x_{k+1})-f(x^*)| \leqslant L|f(x_k)-f(x^*)|^2$，这里$k \geqslant k_0$，$k_0>0$为某正整数，$L>0$为常数。

1.3 罚函数方法

考虑问题

$$
(\bar{P})\quad \begin{array}{ll} \min & f(x) \\ \text{s.t.} & g_i(x) \leqslant 0,\ i=1, 2, \cdots, m \\ & h_j(x)=0,\ j=1, 2, \cdots, r \end{array} \tag{1.3.1}
$$

罚函数方法的基本思想就是把上述约束问题变换成无约束问题来求解，采用的方法是在目标函数上加上一个或多个与约束函数有关的函数，而删去约束条件，在形式上把问题(P)变换成如下形式：

$$
Q(x, \lambda_k, \mu_k)=f(x)+\lambda_k \sum_{j=1}^{m} \phi[g_i(x)]+\mu_k \sum_{j=1}^{r} \psi[h_j(x)] \tag{1.3.2}
$$

其中，$\phi(y)$，$\psi(y)$为连续函数，且满足$\phi(y)=0$，$y \leqslant 0$且$\phi(y)>0$，$y>0$；$\psi(y)=0$，$y=0$且$\psi(y)>0$，$y \neq 0$，而λ_k，μ_k为罚因子，$Q(x, \lambda_k, \mu_k)$称为罚函数。

若$\lambda_k=\lambda$，$\mu_k=\mu$，则变成一个无约束问题；若出现一列λ_k，μ_k，$k=1, 2, \cdots$，λ_k，$\mu_k \to +\infty$则变成一系列无约束问题。

罚函数法主要分SUMT(Sequential Unconstrained Minimization Techniques)法，增广Lagrange罚函数法和精确罚函数法三类。它们有一点共同点就是对不可行点要予以惩罚其惩罚大小体现在罚参数 λ_k，μ_k 及 $\phi(y)$，$\phi(y)$ 上。

用罚函数方法来解约束最优化问题通常认为最早由Courant在求解线性规划时提出。后来，Camp[2]和Pietrgykowski[3]讨论了罚函数方法在解非线性规划问题中的应用。Fiacco 和 McCormick [4-9]在利用罚函数方法，即序列无约束极小化方法上做了不少工作，并总结为SUMT方法。

SUMT法是用形如 $\min[f(x)+\mu p(x)]$ 的序列无约束问题来替代问题($\bar{P}$)，其中 $\mu>0$ 称为罚参数，$P(x)$ 称为 R^n 上的罚函数它满足：

1. $P(x)$在 R^n 上连续；
2. $P(x)\geqslant 0$，$\forall x\in R^n$；
3. $P(x)=0$ 充要条件是

$$x\in S=\{x \mid g_i(x)\leqslant 0,\ i=1,2,\cdots,m,\ h_j(x)=0,\ j=1,2,\cdots,r\}。$$

例如对问题($\bar{P}$)，下述两函数均是罚函数

$$P(x)=\sum_{i=1}^{m}\phi(g_i(x))+\sum_{j=1}^{r}\psi(h_j(x)) \tag{1.3.3}$$

$$P(x)=\sum_{i=1}^{m}[\max(0,\ g_i(x))]^p+\sum_{j=1}^{r}|h_j(x)|^p \tag{1.3.4}$$

这里 p 为正整数。

一般来说，无约束问题

$$(Q_\mu):\ \min_{x\in X} f(x)+\mu P(x) \tag{1.3.5}$$

随着 μ 的增加，其解必落在 $P(x)$ 之值很小的一个区域内，亦即 S

附近,因而可设想,当 $\mu \to \infty$ 时,问题(Q_μ)的解趋于可行域。

设 $Q(\mu) = \inf\{f(x) + \mu P(x) \mid x \in X\}$,我们有如下结论:

引理 1.3.1 (见[1]定理 9.2.1) 设 f, $g_i(i = 1, 2, \cdots, m)$, $h_j(j = 1, 2, \cdots, r)$ 为 R^n 上的连续函数,X 为 R^n 中一个非空集合,设 $P(x)$ 由(1.3.3)定义的连续函数,如果对任何 $\mu \geqslant 0$,存在一点 $x_\mu \in X$,使得

$$Q(\mu) = f(x_\mu) + \mu P(x_\mu) = \inf\{f(x) + \mu p(x) \mid x \in X\},$$

那么下述结论成立:

1. $\inf\{f(x) \mid g_i(x) \leqslant 0,\ i = 1, 2, \cdots, m,\ h_j(x) = 0,\ j = 1, 2, \cdots, r,\ x \in X\} \geqslant \sup\limits_{\mu \geqslant 0} Q(\mu)$;

2. $f(x_\mu)$ 是关于 μ 的单调不减函数,$Q(\mu)$ 关于 μ 的单调不减函数,$P(x_\mu)$ 是关于 μ 的单调不增函数。

定理 1.3.1 (见[1]定理 6.2.4)设 f, $g_i(i = 1, 2, \cdots, m)$, h_j $(j = 1, 2, \cdots, r)$ 为 R^n 上的连续函数,X 为 R^n 中的非空集合,设问题($\bar{P}$)至少有一个可行解,$P(x)$ 为由(1.3.3)定义的连续函数,如果对任何 $\mu \geqslant 0$,存在一点 $x_\mu \in X$,使得

$$Q(\mu) = f(x_\mu) + \mu P(x_\mu) = \inf\{f(x) + \mu p(x) \mid x \in X\},$$

而且 $\{x_\mu\}$ 也包含于 X 中的一个紧子集,那么成立

1. $\inf\{f(x) \mid g_i(x) \leqslant 0,\ i = 1, 2, \cdots, m,\ h_j(x) = 0,\ j = 1, 2, \cdots, r,\ x \in X\} = \sup\limits_{\mu \geqslant 0} Q(\mu) = \lim\limits_{\mu \to +\infty} Q(\mu)$;

2. $\{x_\mu\}$ 的任何收敛子列的极限点是原问题($\bar{P}$)的一个最优解;

3. $\lim\limits_{\mu \to +\infty} \mu P(x_\mu) = 0$。

显然,如果对某个 μ 成立 $P(x_\mu) = 0$,那么 x_μ 是原问题 $\bar{P}$ 的最优解。

从定理 1.3.1 得知,当取罚函数 μ 充分大时,问题(Q_μ)的最优解 x_μ 可以任意逼近原问题($\bar{P}$)的最优解,但是,当 μ 很大时,

$f(x_\mu)+\mu P(x_\mu)$ 的Hessian阵趋于病态而导致计算困难，因此当用无约束优化方法来解 $\min f(x)+\mu P(x)$ 时，运用有些算法如Newton法，其收敛速度很慢，引用SUMT方法来解原问题所需的计算量是比较大的。因此产生了求解约束非线性规划的一些改进的罚函数方法。

与传统的罚函数(1.3.3)不同，在文[11]中亦讨论了不等式约束非线性规划问题(P)的指数型罚函数，其形式如下：

$$\min_{x\in R^n} f_r(x)=f(x)+r\sum_{i=1}^{m}\exp[g_i(x)/r],\ r>0。$$

称 x_k 为 $f_r(x)$ 的 ε_k- 极小解，若满足下述不等式：

$$f_{r_k}(x_k)\leqslant \min_{x\in R^n} f_{r_k}(x)+\varepsilon_k, \text{其中 } \varepsilon_k>0,\ r_k>0 \text{ 为罚参数}$$

它得到下述 ε_k- 近似解的结论。

定理 1.3.2 （见文[11]命题2.1)假定函数 $f(x)$, $g_i(x)$ $(i=1, 2, \cdots, m)$ 是连续的且 f 下有界。令 $x_k\in R^n$ 是 f_{r_k} 的 ε_k- 极小解，这里 $\varepsilon_k\geqslant 0$, $r_k>0$ 都趋于0，则点列 $\{(x_k)\}$ 的任一极限点 x^* 皆为原问题的全局解。此外若存在 $\eta>0$，成立

$$\lim_{\|x\|\to\infty,\ g_i(x)\leqslant\eta} f(x)=+\infty$$

则点列 $\{(x_k)\}$ 的极限点一定存在。

很显然，对于上述指数型罚函数 $f_r(x)=f(x)+r\sum_{i=1}^{m}\exp[g_i(x)/r]=f(x)+rp(x,r)$，其中 $p(x,r)>0$，对所有 x，而当 $x\overline{\in} S$, $r>0$ 时，$p(x,r)$ 随着 r 减小而增大，且对同样 r, $x\overline{\in} S$ 的不可行程度越严重，则 $p(x,r)$ 值越大。这一指数型罚函数 $f_r(x)$ 是简单的、光滑的，但仍然不是精确的。因为仅当 $r_k\to 0$ 时，若 x_k 收敛于 x^*，则 x^* 为原问题的全局解，因此仍是序列的。

定理 1.3.3 （见文[11]定理3.1)设 $f(x)$, $g_i(x)$ 在问题(P)的

最优解 x^* 的某个邻域内二次连续可微，如果在 x^* 处满足严格互补和二阶最优性条件，则方程组

$$\nabla f(x) + \sum_{i=1}^{m} \exp[g_i(x)/r] \nabla g_i(x) = \xi$$

在(0, 0)附近关于 (r, ξ) 定义了一个连续可微隐函数 $x(r, \xi)$，其中 $r > 0$，并满足

$$\lim_{\xi \to 0,\ r \to 0} x(r, \xi) = x^*$$

此外，$\lambda_i(r, \xi) = \exp[c_i(x(r, \xi))/r]$ 是连续可微函数，并满足

$$\lim_{\xi \to 0,\ r \to 0} \lambda_i(r, \xi) = \lambda_i^*$$

并且当 (r, ξ) 趋于(0, 0)时，$x(r, \xi)$ 和 $\lambda(r, \xi)$ 的导数有极限，还对所有充分小 r，点 $x_r = x(r, 0)$ 是 f_r 的严格局部极小点。

在介绍了一个外插算法后，文章又给出了如下结论：

定理 1.3.4 （见文[11]定理 5.1）设 $\hat{x}_{k+1}$ 是经第 r_k 次迭代后得到的外插点，对罚参数 r_{k+1} 首次迭代的牛顿方向 e_N 满足

$$\| e_N \| \sim O(r_k^2)$$

此外，如果 x_{k+1}^N 表示首次牛顿迭代后得到的点，则有

$$\| \nabla f(x_{k+1}^N) + \sum_{i=1}^{m} \exp[g_i(x_{k+1}^N)/r_{k+1}] \nabla g_i(x_{k+1}^N) \| \sim O(r_k^4/r_{k+1}^2)。$$

1.4 精确罚函数方法

考虑问题

$$\begin{aligned} (P) \quad & \min \quad f(x) \\ \text{s.t.} \quad & g_i(x) \leqslant 0, \quad i = 1, 2, \cdots, m \\ & x \in X \subset R^n \end{aligned}$$

精确罚函数是用形如 $\min_{x\in X}[f(x)+\mu E(x)]$ 的无约束问题(P_μ) 来替代问题(P),其中 μ 为参数,$E(x)$ 为 $X\to R$ 上的函数且满足

1. $E(x)\geqslant 0$, $\forall x\in X$;

2. $E(x)=0$ 的充要条件是 $x\in S$。

这里

$$S=\{x\mid g_i(x)\leqslant 0,\ i=1,2,\cdots,m,\ x\in X\}。$$

定义 1.4.1 若存在 $\mu_0>0$,当 $\mu\geqslant\mu_0$ 时使得问题(P_μ) 的解是问题(P) 的解,或问题(P) 的解是(P_μ) 的解,

则称

$$f(x_\mu)+\mu E(x_\mu)$$

为问题(P)的精确罚函数。这里解可以是局部最优解,也可以是全局最优解。

精确罚函数概念首先由 Eremin[12]和 Zangwill[13]于上世纪六十年代后期提出。这是线性规划中大 M 法在非线性规划中的自然推广。从那时起,精确罚函数一直在数学规划理论与方法中扮演很重要的角色[14-36]。

下面介绍发展最为成熟的 l_1 精确罚函数方法的主要理论结果,设原问题(P) 中集合 X 为开集,令(1.3.4) 中 $p=1$,得罚问题

$$(P_\mu^1)\ \min_{x\in X}f(x)+\mu\Big(\sum_{i=1}^{m}\max\{0,\ g_i(x)\}+\sum_{j=1}^{r}\mid h_j(x)\mid\Big)$$

称

$$P_1(x,\mu)=f(x)+\mu\Big(\sum_{i=1}^{m}\max\{0,\ g_i(x)\}+\sum_{j=1}^{r}\mid h_j(x)\mid\Big)$$

为 l_1 精确罚函数,l_1 精确罚函数又称为经典精确罚函数。

定理 1.4.1 (见文[1]定理 9.3.1)设 x^* 为问题(P) 的 KKT 点,(u^*, v^*) 为与 x^* 相应的 KKT 乘子,进一步,设 $f(x)$, $g_i(x)$, $i\in I_0(x^*)=\{i\mid g_i(x^*)=0,\ i=1,2,\cdots,m\}$ 是凸函数,而且 $h_j(x)$,

$j=1, 2, \cdots, r$ 是仿射函数,则对 $\mu \geqslant \max\{\mu_i^*, i \in I_0(x^*), |v_j^*|, j=1, 2, \cdots, r\}$, x^* 也是问题(P_μ^1) 的解。

定理 1.4.2 (见文[27]定理 4.4)设 x^* 为问题(P) 的一个严格局部极小点,$f(x)$, $g_i(x)$ ($i=1, 2, \cdots, m$), $h_j(x)$ ($j=1, 2, \cdots, r$) 在 x^* 的一个邻域内连续可微,进一步,设 x^* 满足 Mangasarian-Fromovitz 约束品性,那么存在 μ^*,使得 $\mu \geqslant \mu^*$, x^* 是问题(P_μ^1) 的局部极小点。

定理 1.4.3 (见文[27]定理 4.6)设命题 1.2.3 的条件成立,则对任何满足 $\mu \geqslant \max\{\mu_i^*, i \in I_0(x^*), |v_j^*|, j=1, 2, \cdots, r\}$ 的罚参数 μ,x^* 是罚问题(P_μ^1) 的严格局部极小点。

在算法方面,尽管使用精确罚函数的历史已经很长,由于已经证明在传统罚函数定义下,若罚函数是简单的、光滑的,则一定是不精确的,这里所谓简单的表示罚函数表达式中只含目标函数和约束函数。考虑问题

$$(P)\qquad \begin{aligned} &\min \quad f(x) = -x \\ &\text{s.t.} \quad g(x) = x-1 \leqslant 0, \end{aligned}$$

相应的罚问题

$$(P_\mu)\qquad \min Q(x, \mu) = -x + \mu \max(0, (x-1))^2$$

当 $x \overline{\in} S$ 时,令 $Q'(x, \mu)=0$,得 $x=\dfrac{1}{2\mu}+1$ 从而可知 $\mu \to \infty$, $x^*=1$ 为问题(P) 是最优解,显然所给出的罚函数是可微的,但不是精确的。长期以来一直存在着争论,争论的根源在于精确罚函数的不可微性。从算法的角度来看,这种不可微性能够引起所谓的“Maratos 效应”,即引起阻止快速局部收敛的现象,为了克服这一效应,人们发展了所谓的“Watching technique”[37] 和“Second-order Correction techniques”[38-40]。

另外,一些学者引入了与上述精确罚函数完全不同类的可微精确罚函数。[41-48]这类可微精确罚函数由于其表达式包含有目标

函数及约束函数的梯度，大大地限制了其实际应用，从上世纪九十年代后期开始非线性精确罚函数[49-53]得到了较广泛的研究，同时对精确罚函数进行了修正，[54-61]开辟了关于精确罚函数的新的研究领域，至今不断有新的研究成果问世。

而对于传统罚函数，若罚问题是简单的、精确的，则一定是非光滑的。如

$$Q(x, \lambda, \mu) = f(x) + \lambda \sum_{i=1}^{m} \max(0, g_i(x)) + \mu \sum_{j=1}^{r} | h_j(x) |, \lambda > 0$$

若罚问题是精确的、光滑的，则罚问题的表达式一定包含有 $f(x)$，$g_i(x)$，$h_j(x)$ 的梯度。如对只含不等式约束问题(P)，其罚函数为

$$\begin{aligned} Q(x, \lambda, \sigma) &= f(x) + \lambda(x)^T g(x) \\ &= f(x) + A(x)^+ \nabla f(x) g(x) + \\ &\quad \frac{\sigma}{2}(A^+(x) g(x)^T)(A^+(x) g(x)), \sigma > 0 \end{aligned}$$

其中 $A(x)\lambda(x) = \nabla f(x)$，$A(x) = \nabla g(x)$，$A^+(x)$ 表示矩阵 $A(x)$ 的广义逆。这里 $Q(x, \lambda, \sigma)$ 的表达式中包有 $f(x)$，$g_i(x)$ 的梯度，这种表达式就变得复杂了。

鉴于上述情况，我们考虑对传统罚函数的定义进行改变，改变后的罚函数定义为 $x \in S \Rightarrow p(x) \geqslant 0$，甚至于 $p(x) < 0$；$x \overline{\in} S$，$p(x) > 0$ 且远大于当 $x \in S$ 时，$p(x)$ 的值。按照这种改变，下一节我们将介绍和讨论简单光滑乘子精确罚函数的现状及我们所得到的某些结果。

1.5 乘子精确罚函数

文[10]构造一个改进的指数型乘子罚函数，从而分析了极小化凸规划问题的乘子指数型方法以及对偶情况，并给出了一种熵极小化算法，而且强化了方法的有效收敛结果，在应用到线性问题时，给

出了其收敛速度,以下对这一途径作一简单介绍。参文[10]。

考虑非线性规划问题:

$$\begin{aligned} \min \quad & f(x) \\ \text{s.t.} \quad & g_i(x) \leqslant 0,\ i = 1,\ 2,\ \cdots,\ m \end{aligned} \tag{1.5.1}$$

假设(1.5.1)的最优解集非空且有界,

$$\{x \mid f(x) < \infty\} \subset \{x \mid g_i(x) \leqslant 0,\ i = 1,\ 2,\ \cdots,\ m\}$$

从而给出指数型乘子罚函数,$f(x) + \dfrac{1}{c}\sum\limits_{i=1}^{m} \lambda_i \mathrm{e}^{cg_i(x)}$,$c > 0$ 其算法由以下两式给出

$$x^k \in \arg\min_{x \in R^n} \left\{ f(x) + \sum_{j=1}^{m} \frac{\mu_j^k}{c_j^k} \psi(c_j^k g_j(x)) \right\} \tag{1.5.2}$$

$$\mu_j^{k+1} = \mu_j^k \mathrm{e}^{c_j^k g_j(x^k)},\ j = 1,\ 2,\ \cdots,\ m \tag{1.5.3}$$

其中 $\mu_j > 0$ 是相当于第 j 个约束的乘子,$c_j > 0$ 是罚参数。此外当 f,g_i 为凸函数时,而相应的对偶问题为

$$\max_{\mu \geqslant 0} d(\mu) \tag{1.5.4}$$

其中

$$d(\mu) = \min_{x \in R^n} \left\{ f(x) + \sum_{j=1}^{m} \mu_j g_j(x) \right\} \tag{1.5.5}$$

由此给出了熵极小化算法

$$\mu_j^{k+1} = \arg\max_{\mu > 0} \left\{ d(\mu) - \sum_{j=1}^{m} \frac{\mu_j^k}{c_j^k} \psi^* \left(\frac{\mu_j}{\mu_j^k} \right) \right\} \tag{1.5.6}$$

这里 ψ^* 是 ψ 的共轭函数,它是一个熵函数:

$$\psi^*(s) = s\ln s - s + 1 \tag{1.5.7}$$

且有如下 KKT 最优性条件

$$0 \in \partial f(x^k) + \sum_{j=1}^{m} \mu_j^{k+1} \partial g_j(x^k),$$

及

$$0 \in \partial d(\mu^{k+1}) - \begin{bmatrix} \nabla \psi^*(v_1^{k+1}/\mu_1^*)/c_1^k \\ \vdots \\ \nabla \psi^*(\mu_1 m^{k+1}/\mu_m^*)/c_m^k \end{bmatrix}。$$

对凸规划问题,文[10]给出了算法的收敛性分析,现介绍有关主要性质。由于其证明十分复杂,这里从略。

设 $q(u, v) = u\ln(u/v) - u + v$, $(u, v) \in [0, \infty) \times (0, +\infty)$,利用公式

$$\psi^*(s) = s\ln s - s + 1,$$

可得 $q(u, v) = \psi^*(u/v)v$。这样(1.5.6)重新写成

$$\mu^{k+1} = \arg\max_{\mu > 0} \left\{ d(\mu) - \sum_{j=1}^{m} \frac{1}{c_j^k} q(\mu_j, \mu_j^k) \right\},$$

记 $D(\lambda, \mu) = \sum_{j=1}^{m} q(\lambda_j, \mu_j)$, $(\lambda, \mu) \in [0, \infty)^m \times (0, +\infty)^m$, $M^\infty = \{\mu \in [0, \infty)^m \mid d(\mu) \geqslant d^\infty\}$,其中

$$d^\infty = \lim_{k \to \infty} d(\mu^k)。$$

因此给出了以下一些性质:

性质 1.5.1 (见文[10]引理 3.1) $\forall\ \bar{\mu} \in M^\infty$,序列$\{D(\bar{\mu}, \mu^k)\}$是单调非增的且$\{\mu^k\}$收敛。

性质 1.5.2 (见文[10]引理 3.2)

(a) $d(\mu^k) \leqslant d(\mu^{k+1}) \leqslant f^*$, $\forall k$ 成立;

(b) $\forall j$, $\mu_j^k \psi(\omega^k g_j(x^k))/\omega^k - \mu_j^k g_j(x^k) \to 0$;

(c) $\forall j$, $\mu_j^k g_j(x^k) \to 0$;

(d) $d(\mu^k)-f(x^k)\to 0$。

性质 1.5.3 （见文[10]引理 3.3）若令 $y^k=\dfrac{\omega^k x^k+\cdots+\omega^0 x^0}{\omega^k+\cdots+\omega^0}$，则有$\limsup\limits_{k\to\infty} g_j(y^k)\leqslant 0,\ j=1,\ 2,\ \cdots,\ m$。

性质 1.5.4 （见文[10]命题 3.1）设 $\{\mu^k\}$ 是由(1.5.2) 和(1.5.3) 产生的序列，且罚参数满足 $c_j^k=\omega^k$, $\omega^k\geqslant\overline{\omega}>0$, $\forall k$，则$\{\mu^k\}$收敛于对偶问题(1.5.4) 的最优解，此外，序列$\{y^k\}$ 有界且其每一个聚点是原问题(1.5.1) 的最优解。

性质 1.5.5 （见文[10]命题 4.2）设 $\{\mu^k\}$ 是由(1.5.2) 和(1.5.3) 产生的序列，罚参数由 $c_j^k=c/\mu_j^k$, $\forall k$，这里常数 $c>0$，假定$\{\mu^k\}$ 收敛于 M^∞ 中的点，则$\{\mu^k\}$ 至少是二次收敛的。

l_1 精确罚函数在那些使得对某个 $i\in\{1,\ 2,\ \cdots,\ m\}$ 成立 $g_i(x)=0$ 的 x 处不可微，而非线性规划中大部分效果较好的算法都要求目标函数具有可微性，从而促使人们去思考罚函数的光滑化[62－64]。文[63]中 Pinar 和 Zenios 针对凸规划问题提出了对 l_1 精确罚函数的二次函数光滑逼近，并证明了通过解光滑后的罚问题，可以得到 ε 可行和 $\beta\varepsilon$ 近似全局极小点，这里 β 是常数。此外，在 1999 年，D. Goldfarb 和 R. Polyak 等在文[54]“A modified barrier-augmented lagrangian method for constrained minimization”中针对问题(1.3.1) 给出下述形式的修正障碍-增广 Lagrangian 函数。

$$F(x,\ u,\ v,\ k)=\begin{cases} f(x)-\dfrac{1}{k}\sum_{i=1}^{m}u_i\ln(1-kg_i(x))- & \\ \qquad\sum_{j=1}^{r}v_jh_j(x)+\dfrac{k}{2}\sum_{j=1}^{r}h_j^2(x), & x\in \operatorname{int}\Omega_k \\ \infty, & x\overline{\in}\operatorname{int}\Omega_k \end{cases}$$

其中 $\Omega_k=\left\{x\mid g_i(x)\leqslant\dfrac{1}{k},\ i=1,\ 2,\ \cdots,\ m\right\}$

记

$$L(x, u, v) = f(x) + \sum_{i=1}^{m} u_i g_i(x) + \sum_{j=1}^{r} v_j h_j(x),$$

$$I^* = \{i \mid g_i(x^*) = 0\} = \{1, 2, \cdots, l\},$$

x^* 是问题(1.3.1)的严格局部极小点,则有下述主要收敛结果:

定理 1.5.1 (见[54]定理 5.1)假定对问题(1.3.1)在严格局部极小点 x^* 处满足第二阶最优性充分条件,则存在 $k_0 > 0$, $\delta > 0$,使得对任何

$$(u, v, k) = (\omega, k) \in D(\omega^*, \delta, k_0) = \{(\omega, k) = (u, v, k) \mid \|\omega - \omega^*\| \leqslant \delta, u_{(l)} > 0, u_{(m-l)} \geqslant 0, k \geqslant k_0\}$$

且 $\|\omega\|$ 有界,有:

(1) $F(x, u, v, k)$ 在 x^* 的某一开球内有唯一极小点 $\hat{x} = \hat{x}(u, v, k)$;

(2) 对 $(\hat{x}, \hat{u}, \hat{v})$: $\hat{u}_i = u(1 - kg_i(\hat{x}))^{-1}$, $i = 1, 2, \cdots, m$, $\hat{v}_j = v_j - kh_j(\hat{x})$, $j = 1, 2, \cdots, r$。成立

$$\|\hat{x} - x^*\| \leqslant \frac{c}{k}\|\omega - \omega^*\|, \|\hat{\omega} - \omega^*\| \leqslant \frac{c}{k}\|\omega - \omega^*\|。$$

其中

$$\hat{\omega} = (\hat{u}, \hat{v}) \text{ 和 } c > 0 \text{ 与 } k \text{ 无关。}$$

定理 1.5.2 (见[54]定理 5.2)假定对问题(1.3.1)在全局最优解 x^* 满足第二阶充分条件并假定存在 $k_0 > 0$ 使得对所有固定 $u \geqslant 0$ 和 v 及所有有限数 α,水平集 $L_\alpha(u, v, k_0) = \{x \in R^n \mid F(x, u, v, k_0) \leqslant \alpha\}$ 为有界集,则当 $k_0 > 0$ 充分大使得对任何 $(u, v, k) \in D(\omega^*, \sigma, k_0)$ 定理 1.5.1 中的点 $\hat{x}$ 是 $F(x, u, v, k)$ 的全局最优解。

下面我们将给出关于指数型及对数型两类乘子精确罚函数的新

形式，并讨论某些相关的结论。若在问题(P)中，$X\subset R^n$ 为有界闭箱，$f(x)$，$g_i(x)(i=1,2,\cdots,m)$为光滑函数，则相应的指数型及对数型乘子精确罚函数分别表示为：

1. 指数型

$$(Q_{\lambda\mu})\quad \begin{aligned}&\min\quad Q(x,\lambda,\mu)=f(x)+\frac{1}{\mu}\sum_{i=1}^{m}e^{\lambda_i\mu g_i(x)}\\&x\in X.\end{aligned}$$

其中$\mu>0$为罚参数，而$\lambda_i\geqslant 0$, $i=1,2,\cdots,m$，与原问题乘子有关的参数。

2. 对数型

$$(Q_{\lambda\mu})\quad \begin{aligned}&\min\quad Q(x,\lambda,\mu)=f(x)-\frac{1}{\mu}\sum_{i=1}^{m}\ln(1-\lambda_i\mu g_i(x))\\&x\in X.\end{aligned}$$

或

$$(Q_{\lambda\mu})\quad \begin{aligned}&\min\quad Q(x,\lambda,\mu)=f(x)-\frac{1}{\mu}\sum_{i=1}^{m}\lambda_i\ln(1-\mu g_i(x))\\&x\in X.\end{aligned}$$

其中$\mu>0$为罚参数，而$\lambda_i\geqslant 0$, $i=1,2,\cdots,m$，为与原问题乘子有关的参数。

我们讨论了$G(P)$、$L(P)$与$G(Q_{\lambda\mu})$、$L(Q_{\lambda\mu})$之间的关系，发现$\lambda_i\geqslant 0$, $i=1,2,\cdots,m$与原问题(P)的乘子有着密切的联系，从而我们称它们为简单光滑乘子精确罚函数。

特别需要指出的是在求解某类凸规划时，我们运用上述形式的乘子精确罚函数，用牛顿法求解时，效果很好，具有一致全局线性收敛性和局部二次收敛性。

第二章　指数型乘子精确罚函数

2.1　引言

考虑如下凸规划问题：

$$(P)\quad \begin{array}{ll} \min & f(x) \\ \text{s.t.} & x \in S = \{x \in R^n \mid g_i(x) \leqslant 0,\ i = 1,\ \cdots,\ m\}。\end{array}$$

假定 S 是紧集。于是存在一个大的有界闭箱 X，使得

$$S = \{x \in R^n \mid g_i(x) \leqslant 0,\ i = 1,\ \cdots,\ m\} \subset \operatorname{int} X。$$

这里 $f(x)$，$g_i(x)$，$i=1,\ \cdots,\ m$ 是两次连续可微的凸函数，且至少其中之一是强凸的。

我们讨论如下的指数型乘子精确罚函数问题

$$(Q_{\lambda\mu})\quad \begin{array}{ll} \min & Q(x,\ \lambda,\ \mu) = f(x) + \dfrac{1}{\mu}\sum_{i=1}^{m} \mathrm{e}^{\lambda_i \mu g_i(x)} \\ & x \in X。\end{array}$$

其中 $\mu > 0$ 为罚参数，而 $\lambda_i \geqslant 0$，$i = 1,\ 2,\ \cdots,\ m$ 为与原问题乘子有关的参数。

本章我们研究了指数型乘子精确罚函数，首先证明了问题 $(Q_{\lambda\mu})$ 和 (P) 的全局解的近似等价性，而且给出了原问题 (P) 的 KKT 乘子与相应的指数型乘子精确罚函数问题 $(Q_{\lambda\mu})$ 中的乘子参数之间的一种近似关系，当我们对问题 (P) 的 KKT 乘子进行摄动后，我们可得出其罚问题 $(Q_{\lambda\mu})$ 的最优解和原问题的最优解的关系，针对上述指数型乘子精确罚函数，我们给出了一个求解光滑凸规划算法，首先我们利

用指数型乘子精确罚函数把一个光滑凸规划的极小化问题化为紧集 X 上强凸函数的极小化问题，其中 $\mathrm{int}\, X \supset G(P)$，然后在给定的 X 上用牛顿法对此强凸函数进行极小化，并由此讨论了该算法的收敛性，局部 q-二次收敛性，一致线性收敛性等有关的基本性质，而对线性规划、半正定二次规划问题的求解也作了相应的简要说明，最后进行了数值试验。

本章的具体结构如下，2.2 给出了指数型乘子精确罚函数的一些结果。2.3 引入了一个凸规划的牛顿法，并证明了所给算法的一些基本性质。2.4 讨论了乘子的估计。最后 2.5 对具体的例子进行数值试验。

2.2 指数型乘子精确罚函数的一些结果

定理 2.2.1 假定

$$G(P) \subset \mathrm{int}\, X,\ G(P) \cup \varepsilon B(\theta,\ 1) \subset X$$

对 $\varepsilon > 0$，若 $\lambda_i > 0,\ i = 1,\ \cdots,\ m$ 有限，

$$\lambda_i \geqslant \frac{\ln([M + f(x^*)]\mu + m)}{\mu g_{i_0}(x_0)},\ i = 1,\ \cdots,\ m,\ \mu \geqslant \frac{m}{\eta_{\varepsilon\varepsilon_1}},$$

其中

$$0 < \eta_{\varepsilon\varepsilon_1} \leqslant \min_{x \in (S \cup \varepsilon_1 B(\theta,\ 1)) \setminus (G(P) \cup \varepsilon B(\theta,\ 1))} (f(x) - f(x^*)),$$

$$x^* \in G(P),\ 0 < \varepsilon_1 < \varepsilon,$$

$$B(\theta,\ 1) = \{x \in R^n : \| x \| < 1\},\ 0 < g_{i_0}(x_{i_0})$$

$$= \min_{x \in X \setminus (S \cup \varepsilon_1 B(\theta,\ 1))} \max_i g_i(x),$$

且 $| f(x) | \leqslant M$，对所有 $x \in X$，则

$$Q(x^*,\ \lambda,\ \mu) < Q(x,\ \lambda,\ \mu),$$

对所有 $x \in X\backslash(G(P) \cup \varepsilon B(\theta, 1))$。

证明 由于对所有 $x \in S\backslash G(P)$，$x^* \in G(P)$，成立 $f(x) > f(x^*)$，则对任何 $\varepsilon > 0$，对所有 $x \in S\backslash(G(P) \cup \varepsilon B(\theta, 1))$，成立 $f(x) > f(x^*)$。

此外，$S\backslash(G(P) \cup \varepsilon B(\theta, 1))$ 是一个紧集，且 $f(x)$ 是连续函数，于是存在 $\varepsilon_1 > 0$，$\varepsilon_1 < \varepsilon$ 和 $\eta_{\varepsilon\varepsilon_1} > 0$，
使得对所有

$$x \in (S \cup \varepsilon_1 B(\theta, 1))\backslash(G(P) \cup \varepsilon B(\theta, 1)),$$

成立

$$f(x) \geqslant f(x^*) + \eta_{\varepsilon\varepsilon_1}$$

这蕴含着

$$\min_{x \in (S \cup \varepsilon_1 B(\theta, 1))\backslash(G(P) \cup \varepsilon B(\theta, 1))} (f(x) - f(x^*)) \geqslant \eta_{\varepsilon\varepsilon_1} > 0$$

此外，$\max_i g_i(x)$ 是 x 的连续函数，且 $X\backslash(S \cup \varepsilon_1 B(\theta, 1))$ 是紧集，故成立

$$\min_{x \in X\backslash(S \cup \varepsilon_1 B(\theta, 1))} \max_i g_i(x) \geqslant g_{i_0}(x_{i_0}) > 0$$

这里，$i_0 \in (1, 2, \cdots, m)$，$x_{i_0} \in X\backslash(S \cup \varepsilon_1 B(0, 1))$。

现在，分两种情况讨论：

(1) 对 $x \in (S \cup \varepsilon_1 B(\theta, 1))\backslash(G(P) \cup \varepsilon B(\theta, 1))$

我们有

$$\begin{aligned} Q(x, \lambda, \mu) &= f(x) + \frac{1}{\mu} \sum_{i=1}^{m} e^{\lambda_i \mu g_i(x)} > f(x) \\ &\geqslant f(x^*) + \eta_{\varepsilon\varepsilon_1} \\ &\geqslant f(x^*) + \frac{m}{\mu} \end{aligned}$$

$$\geqslant f(x^*)+\frac{1}{\mu}\sum_{i=1}^{m}e^{\lambda_i\mu g_i(x^*)}$$

$$=Q(x^*,\lambda,\mu)$$

因为，$x^*\in S$, $g_i(x^*)\leqslant 0$, $i=1, 2, \cdots, m$，故 $e^{\lambda_i\mu g_i(x^*)}\leqslant 1$, $i=1, 2, \cdots, m$。

(2) 对 $x\in X\backslash(S\cup\varepsilon_1 B(\theta,1))$

故

$$\max_i g_i(x)=g_j(x)\geqslant g_{i_0}(x_{i_0})>0,$$

且

$$Q(x,\lambda,\mu)=f(x)+\frac{1}{\mu}\sum_{i=1}^{m}e^{\lambda_i\mu g_i(x)}$$

$$>-M+\frac{1}{\mu}e^{\lambda_j\mu g_j(x)}$$

$$\geqslant -M+\frac{1}{\mu}e^{\lambda_j\mu g_{i_0}(x_{i_0})}$$

$$\geqslant -M+\frac{1}{\mu}(M+f(x^*)\mu+m)$$

$$=f(x^*)+\frac{m}{\mu}$$

$$\geqslant f(x^*)+\frac{1}{\mu}\sum_{i=1}^{m}e^{\lambda_i\mu g_i(x^*)}$$

$$=Q(x^*,\lambda,\mu)$$

因此，当 $p\geqslant m/\eta_{\varepsilon\varepsilon_1}>0$,

$$\lambda_i\geqslant\frac{\ln((M+f(x^*))\mu+m)}{\mu g_{i_0}(x_{i_0})}>0,\ i=1,\cdots,m$$

时，我们有 $Q(x^*, \lambda, \mu) < Q(x, \lambda, \mu)$，对所有 $x \in X \backslash (G(P) \cup \varepsilon B(\theta, 1))$。

注 根据定理 2.2.1，对某个小的 $\varepsilon > 0$ 满足 $G(P) \cup \varepsilon B(\theta, 1) \subset X$，我们有

$$G(Q_{\lambda\mu}) \subset G(P) \cup \varepsilon B(\theta, 1),$$

其中 $p > 0$，$\lambda_i > 0$，$i = 1, \cdots, m$ 是由定理 2.2.1 确定，这蕴含着，对 $x^*_{\lambda\mu} \in G(Q_{\lambda\mu})$，存在 $x^* \in G(P)$

使得

$$\| x^*_{\lambda\mu} - x^* \| \leqslant \varepsilon。$$

定理 2.2.2 若 $f(x)$，$g_i(x)$，$i = 1, \cdots, m$ 是两次连续可微的凸函数，且至少其中之一是强凸的，则

$$Q(x, \lambda, \mu) = f(x) + \frac{1}{\mu} \sum_{i=1}^{m} \mathrm{e}^{\lambda_i \mu g_i(x)}$$

是强凸的。

证明 因为

$$\nabla Q(x, \lambda, \mu) = \nabla f(x) + \sum_{i=1}^{m} \lambda_i \mathrm{e}^{\lambda_i \mu g_i(x)} \nabla g_i(x),$$

$$\nabla^2 Q(x, \lambda, \mu) = \nabla^2 f(x) + \sum_{i=1}^{m} \lambda_i \mathrm{e}^{\lambda_i \mu g_i(x)} \nabla^2 g_i(x) +$$

$$\mu \sum_{i=1}^{m} \lambda_i^2 \mathrm{e}^{\lambda_i \mu g_i(x)} \nabla g_i(x) \cdot \nabla^T g_i(x),$$

由于对 $\forall x \in X$，$\nabla^2 Q(x, \lambda, \mu)$ 为正定矩阵，故 $Q(x, \lambda, \mu)$ 为强凸函数。

定理 2.2.3 若 $x^* \in \mathrm{int}\, X$ 是一个 (P) 的 KKT 点，则 x^* 是 $(Q_{\lambda\mu})$ 的稳定点。其中 $\lambda_i = \lambda_i^*$，$\lambda_i^* \geqslant 0$，$i = 1, \cdots, m$ 是在 x^* 处 (P) 的 KKT 乘子。

证明 从 x^* 是 (P) 的 KKT 点，我们有

$$\nabla f(x^*) + \sum_{i\in I(x^*)} \lambda_i^* \nabla g_i(x^*) = \theta,$$

$$\lambda_i^* \geqslant 0,\ i \in I(x^*) = \{i = 1, \cdots, m;\ g_i(x^*) = 0\},$$

$$\lambda_i^* = 0,\ i \notin I(x^*),\ g_i(x^*) \leqslant 0,$$

$$\lambda_i^* g_i(x^*) = 0,\ i = 1, \cdots, m。$$

故

$$\begin{aligned}\nabla Q(x^*, \lambda, \mu) &= \nabla f(x^*) + \sum_{i=1}^{m} \lambda_i^* \mathrm{e}^{\lambda_i^* \mu g_i(x^*)} \nabla g_i(x^*) \\ &= \nabla f(x^*) + \sum_{i\in I(x^*)} \lambda_i^* \nabla g_i(x^*) \\ &= \theta,\end{aligned}$$

于是 $x^* \in \mathrm{int}\, X$ 是$(Q_{\lambda\mu})$的稳定点。

定理 2.2.4 若$\mu>0$充分大,$\lambda_i>0,\ i=1,\cdots,m$有限,满足定理2.2.1的条件,且$x_{\lambda\mu}^* \in \mathrm{int}\, X$是$(Q_{\lambda\mu})$的稳定点,$x^* \in G(P)$, $\lambda_i^* \geqslant 0,\ i=1,\cdots,m$是$x^*$的KKT乘子,则$x_{\lambda\mu}^*$是$(P)$的近似KKT点,且对

$$i \in I(x_{\lambda\mu}^*) = \{i = 1, \cdots, m: g_i(x_{\lambda\mu}^*) \doteq 0\} \doteq I(x^*),$$

成立

$$\lambda_{i_0}^* = \lambda_i \mathrm{e}^{\lambda_i \mu g_i(x_{\lambda\mu}^*)} \doteq \lambda_i^* > 0,$$

对

$$i \notin I(x_{\lambda\mu}^*) \doteq I(x^*)。$$

成立

$$\lambda_{i_0}^* = \lambda_i \mathrm{e}^{\lambda_i \mu g_i(x_{\lambda\mu}^*)} \doteq 0 = \lambda_i^*,$$

证明 根据定理 2.2.1,成立

$$f(x_{\lambda\mu}^*) \doteq f(x^*),\ \nabla f(x_{\lambda\mu}^*) \doteq \nabla f(x^*),$$

$$g_i(x_{\lambda\mu}^*) \doteq g_i(x^*),\ \nabla g_i(x_{\lambda\mu}^*) \doteq \nabla g_i(x^*)。$$

因此,

$$I(x_{\lambda\mu}^*) = \{i = 1,\ 2,\ \cdots,\ m : g_i(x_{\lambda\mu}^*) \doteq 0\} \doteq I(x^*)。$$

$$I(x^*) = \{i = 1,\ 2,\ \cdots,\ m : g_i(x^*) = 0\}$$

从 $x_{\lambda\mu}^* \in \operatorname{int} X$ 是$(Q_{\lambda\mu})$的稳定点,于是我们有

$$\begin{aligned}\theta &= \nabla Q(x_{\lambda\mu}^*,\ \lambda,\ \mu)\\ &= \nabla\left(f(x_{\lambda\mu}^*) + \frac{1}{\mu}\sum_{i=1}^{m} e^{\lambda_i \mu g_i(x_{\lambda\mu}^*)}\right)\\ &= \nabla f(x_{\lambda\mu}^*) + \sum_{i\in I(x^*)} \lambda_i e^{\lambda_i \mu g_i(x_{\lambda\mu}^*)} \nabla g_i(x_{\lambda\mu}^*) +\\ &\quad \sum_{i\notin I(x^*)} \lambda_i e^{\lambda_i \mu g_i(x_{\lambda\mu}^*)} \nabla g_i(x_{\lambda\mu}^*)\end{aligned}$$

对 $i \notin I(x_{\lambda\mu}^*) \doteq I(x^*),\ g(x_{\lambda\mu}^*) \doteq g(x^*) < 0$,

因此

$$\lambda_{i_0}^* = \lambda_i e^{\lambda_i \mu g_i(x_{\lambda\mu}^*)} \doteq 0$$

且

$$\nabla f(x_{\lambda\mu}^*) + \sum_{i\in I(x^*)} \lambda_i e^{\lambda_i \mu g_i(x_{\lambda\mu}^*)} \nabla g_i(x_{\lambda\mu}^*) \doteq \theta \qquad (2.2.1)$$

$$\lambda_{i_0}^* g_i(x_{\lambda\mu}^*) \doteq 0,$$

$$g_i(x_{\lambda\mu}^*) \doteq g_i(x^*),\ i = 1,\ \cdots,\ m,$$

此外,

$$\nabla g_i(x_{\lambda\mu}^*) \doteq \nabla g(x^*),\ \nabla f(x_{\lambda\mu}^*) \doteq \nabla f(x^*),$$

于是

$$\nabla f(x^*)+\sum_{i\in I(x^*)}\lambda_i e^{\lambda_i\mu g_i(x^*_{\lambda\mu})}\nabla g_i(x^*)\doteq\theta$$

且对 $i\in I(x^*)$

$$\lambda^*_{i_0}=\lambda_i e^{\lambda_i\mu g_i(x^*_{\lambda\mu})}\doteq\lambda^*_i>0$$

从(2.2.1)，$x^*_{\lambda\mu}$ 是(P)的近似KKT点。它蕴含着 $x^*_{\lambda\mu}$ 是(P)的近似全局极小点。

定理 2.2.5 若 $x^*\in\text{int }X$ 是(P)的严格互补 KKT 点，$\nabla g_i(x^*)$，$i\in I(x^*)$ 是线性独立，$\|I(x^*)\|=n$，$\lambda^*_i\geqslant 0$，$i=1,\cdots,m$ 是在 x^* 处(P)的KKT乘子。

$\lambda_i=\lambda^*_i+\Delta\lambda_i$，$\lambda^*_i>0$，$i\in I(x^*)$，$\mu>0$；$\lambda_i>0$，$i\overline{\in} I(x^*)$，

则适当选取 $\Delta\lambda_i$，$i\in I(x^*)$，x^* 是($Q_{\lambda\mu}$)的全局极小点。

证明 从 x^* 是(P)的KKT点，成立

$$\nabla f(x^*)+\sum_{i\in I(x^*)}\lambda^*_i\nabla g_i(x^*)=\theta。$$

进一步，

$$\begin{aligned}\nabla Q(x^*,\lambda,\mu)&=\nabla f(x^*)+\sum_{i=1}^m\lambda_i e^{\lambda_i\mu g_i(x^*)}\nabla g_i(x^*)\\&=\nabla f(x^*)+\sum_{i\in I(x^*)}\lambda^*_i\nabla g_i(x^*)+\\&\quad\sum_{i\in I(x^*)}\Delta\lambda_i\nabla g_i(x^*)+\sum_{i\notin I(x^*)}\lambda_i e^{\lambda_i\mu g_i(x^*)}\nabla g_i(x^*)\end{aligned}\tag{2.2.2}$$

若 $\nabla g_j(x^*)=\theta$，对所有 $j\notin I(x^*)$，则选取 $\Delta\lambda_i=0$，对所有 $i\in I(x^*)$。

若 $\nabla g_j(x^*) \neq \theta$,对某些 $j \overline{\in} I(x^*)$,

则由 $\nabla g_i(x^*)$, $i \in I(x^*)$,且是线性独立的,$\| I(x^*) \| = n$,

于是存在 $\alpha_{ij} \in R^1$, $i \in I(x^*)$,使得

$$\nabla g_j(x^*) = \sum_{i \in I(x^*)} \alpha_{ij} \nabla g_i(x^*),$$

于是

$$\begin{aligned}\nabla Q(x^*, \lambda, \mu) &= \sum_{i \in I(x^*)} \Delta\lambda_i \nabla g_i(x^*) + \sum_{j \notin I(x^*)} \lambda_j e^{\lambda_j \mu g_j(x^*)} \nabla g_j(x^*) \\ &= \sum_{i \in I(x^*)} \Delta\lambda_i \nabla g_i(x^*) + \sum_{j \notin I(x^*)} \lambda_j e^{\lambda_j \mu g_j(x^*)} \sum_{i \in I(x^*)} \alpha_{ij} \nabla g_i(x^*) \\ &= \sum_{i \in I(x^*)} \Delta\lambda_i \nabla g_i(x^*) + \sum_{i \in I(x^*)} \sum_{j \notin I(x^*)} \alpha_{ji} \lambda_j e^{\lambda_j \mu g_j(x^*)} \nabla g_i(x^*)\end{aligned} \tag{2.2.3}$$

若令 $\Delta\lambda_i = -\sum_{j \notin I(x^*)} \alpha_{ji} \lambda_j e^{\lambda_j \mu g_j(x^*)}$, $i \in I(x^*)$,

则 $\nabla Q(x^*, \lambda, \mu) = \theta$,且 x^* 是($Q_{\lambda\mu}$)的全局极小点。

2.3 凸规划的牛顿法

根据定理 2.2.2,问题(P)等价于问题($Q_{\lambda\mu}$),若

$$\lambda_i \geqslant 0, \ i = 1, \cdots, m$$

适当地选取 $\mu > 0$,于是我们能用牛顿法求解($Q_{\lambda\mu}$)来代替求解(P)。

由于 $Q(x, \lambda, \mu)$ 是强凸函数,故存在 l_θ, L_θ, $0 < l_\theta \leqslant L_\theta$ 使得对所有 $x \in X$, $d \neq \theta$。成立

$$l_\theta \| d \|^2 \leqslant d^T \nabla^2 Q(x, \lambda, \mu) d \leqslant L_\theta \| d \|^2。$$

牛顿法如下:

1. 给定初始点 $x_0 \in \operatorname{int} X$, $\mu > 0$ 充分大,$\lambda_i > 0$, $i = 1, \cdots, m$

有限,计算

$$Q(x_0, \lambda, \mu), \nabla Q(x_0, \lambda, \mu), \nabla^2 Q(x_0, \lambda, \mu), k:=0,$$

若 $\nabla Q(x_k, \lambda, \mu)=\theta$, 则停止,否则,转步 2。

2. 确定牛顿方向 d_k 如下:

$$\nabla^2 Q(x_k, \lambda, \mu) d_k=-\nabla Q(x_k, \lambda, \mu) \tag{2.3.1}$$

并计算

$$Q(x_k+t_k d_k, \lambda, \mu) \leqslant Q(x_k, \lambda, \mu)-c_k t_k d_k^{\mathrm{T}} d_k \tag{2.3.2}$$

这里

$$t_k \in \left(0, \frac{2l_\theta}{L_\theta}\right], 0<c_k=l_\theta-\frac{L_\theta}{2} t_k<l_\theta。$$

3. 令

$$x_{k+1}=x_k+t_k d_k,$$
$$k:=k+1,$$

计算 $\nabla Q(x_k, \lambda, \mu), \nabla^2 Q(x_k, \lambda, \mu)$,转步 2。

定理 2.3.1 若 $f(x), g_i(x), i=1, \cdots, m$ 是凸的,且至少其中之一是强凸的,则 $Q(x, \lambda, \mu)$ 是强凸的,$\{x_k\} \subset X$ 是由上述牛顿法产生,令 $x_k \xrightarrow{k} x^* \in \operatorname{int} X$,$x^*$ 是 X 上 $Q(x, \lambda, \mu)$ 的极小点。

证明 由定理 2.2.2 和定理 2.2.1 的注,$Q(x, \lambda, \mu)$ 是强凸的,$x^* \in \operatorname{int} X$。

进一步,由泰勒展开,存在一个 $\sigma \in(0,1)$
使得

$$\begin{aligned} Q(x_{k+1}, \lambda, \mu) &= Q(x_k+t_k d_k, \lambda, \mu) \\ &= Q(x_k, \lambda, \mu)+t_k d_k^T \nabla Q(x_k, \lambda, \mu)+ \end{aligned}$$

$$\frac{t_k^2}{2} d_k^T \nabla^2 Q(x_k + \sigma t_k d_k, \lambda, \mu) d_k$$

$$= Q(x_k, \lambda, \mu) - t_k d_k^T \nabla^2 Q(x_k, \lambda, \mu) d_k +$$

$$\frac{t_k^2}{2} d_k^T \nabla^2 Q(x_k + \sigma t_k d_k, \lambda, \mu) d_k$$

$$\leqslant Q(x_k, \lambda, \mu) - t_k l_\theta d_k^T d_k + \frac{t_k^2}{2} L_\theta d_k^T d_k$$

$$= Q(x_k, \lambda, \mu) - t_k \left(l_\theta - \frac{t_k}{2} L_\theta \right) d_k^T d_k$$

$$= Q(x_k, \lambda, \mu) - c_k t_k d_k^T d_k \tag{2.3.3}$$

其中

令 $0 < t_k < \frac{2l_\theta}{L_\theta}$,则 $c_k = l_\theta - \frac{L_\theta}{2} t_k \in (0, l_\theta)$。

由 $d_k = -(\nabla^2 Q(x_k, \lambda, \mu))^{-1} \nabla Q(x_k, \lambda, \mu)$,

于是(2.3.3)简化为

$$Q(x_{k+1}, \lambda, \mu) \leqslant Q(x_k, \lambda, \mu) - c_k t_k \nabla^T Q(x_k, \lambda, \mu)$$

$$(\nabla^2 Q(x_k, \lambda, \mu))^{-2} \nabla Q(x_k, \lambda, \mu)$$

$$\leqslant Q(x_k, \lambda, \mu) - c_k t_k \frac{1}{L_\theta^2} \nabla^T Q(x_k,$$

$$\lambda, \mu) \nabla Q(x_k, \lambda, \mu) \tag{2.3.4}$$

其中

$$t_k \in \left(0, \frac{2l_\theta}{L_\theta}\right), c_k = l_\theta - \frac{L_\theta t_k}{2} \in (0, l_\theta)。$$

因为

$$\sum_{k=1}^{\infty}(Q(x_k, \lambda, \mu)-Q(x_{k+1}, \lambda, \mu))=Q(x_1, \lambda, \mu)-Q(x^*, \lambda, \mu)$$
$$<+\infty,$$

从(2.3.4),我们有

$$\frac{c_0t_0}{L_\theta^2}\sum_{k=1}^{\infty}\|\nabla Q(x_k, \lambda, \mu)\|^2\leqslant\sum_{k=1}^{\infty}(Q(x_k, \lambda, \mu)-Q(x_{k+1}, \lambda, \mu))$$
$$<+\infty,$$

其中

$$t_0=t_k=\frac{l_\theta}{L_\theta}\in\left(0, \frac{2l_\theta}{L_\theta}\right), c_0=c_k=l_\theta-\frac{L_\theta t_k}{2}=\frac{l_\theta}{2}\in(0, l_\theta)。$$

这蕴含着 $\|\nabla Q(x_k, \lambda, \mu)\|\xrightarrow{k}0$。

由 $x_k\xrightarrow{k}x^*$,我们得到$\nabla Q(x^*, \lambda, \mu)=\theta$,故 x^* 是 X 上 $Q(x, \lambda, \mu)$ 的极小点。

引理 2.3.1 (中值定理)([65])

设U是E中开集且$x\in U$,令 $y\in E$,$f:U\to F$ 是c^1映射。假定线段 $x+yt$, $0\leqslant t\leqslant 1$ 被包含在U内,则

$$\begin{aligned}f(x+y)-f(x)&=\int_0^1 f'(x+ty)y\mathrm{d}t\\&=\int_0^1 f'(x+ty)\mathrm{d}ty\\&\leqslant|y|\sup_t|f'(x+ty)|\end{aligned}$$

其中E,F表示完备赋范向量空间,$f'(x)$ 表示 f 在 x 处的导数。

引理 2.3.2 若A,B是$n\times n$矩阵,则AB和BA的特征值是相同的。([66])

引理 2.3.3 若A,B是半正定矩阵,则

$$\lambda_i(A)\lambda_n(B) \leqslant \lambda_i(AB) \leqslant \lambda_i(A)\lambda_1(B),$$

$$\lambda_n(A)\lambda_i(B) \leqslant \lambda_i(AB) \leqslant \lambda_1(A)\lambda_i(B),\ i = 1, \cdots, n$$

其中 $\lambda_n(\cdot) \leqslant \cdots \leqslant \lambda_i(\cdot) \leqslant \cdots \leqslant \lambda_1(\cdot)$。$\lambda_i(\cdot)$ 表示矩阵$(\cdot)$第 i 个特征值。([67])

定理 2.3.2 若 $\{x_k\} \subset X$ 是由牛顿法产生,则成立

$$\frac{Q(x_{k+1}, \lambda, \mu) - Q(x^*, \lambda, \mu)}{Q(x_k, \lambda, \mu) - Q(x^*, \lambda, \mu)} \leqslant 1 - \frac{l_\theta^4}{L_\theta^4} \qquad (2.3.5)$$

其中 x^* 是 $Q(x, \lambda, \mu)$ 的一个极小点,$t_k = \dfrac{l_\theta}{L_\theta}$。

证明 由(2.3.1),(2.3.3)和 $\nabla Q(x^*, \lambda, \mu) = \theta$,且根据引理 2.3.1—引理 2.3.3,我们有

$$\frac{Q(x_{k+1}, \lambda, \mu) - Q(x^*, \lambda, \mu)}{Q(x_k, \lambda, \mu) - Q(x^*, \lambda, \mu)}$$

$$\leqslant 1 - c_k t_k \frac{d_k^T d_k}{Q(x_k, \lambda, \mu) - Q(x^*, \lambda, \mu)}$$

$$\leqslant 1 - c_k t_k \frac{\nabla^T Q(x^*, \lambda, \mu)(\nabla^2 Q(x_k, \lambda, \mu))^{-2} \nabla Q(x_k, \lambda, \mu)}{\frac{1}{2}(x_k - x^*)^T \nabla^2 Q(x^* + \sigma(x_k - x^*), \lambda, \mu)(x_k - x^*)}$$

$$\leqslant 1 - 2c_k t_k \frac{1}{L_\theta^2} \frac{\nabla^T Q(x_k, \lambda, \mu)\, \nabla Q(x_k, \lambda, \mu)}{\dfrac{(\nabla^T Q(x_k, \lambda, \mu) - \nabla^T Q(x^*, \lambda, \mu))}{L_\theta (x_k - x^*)^T (x_k - x^*)}}$$

$$= 1 - \frac{2c_k t_k}{L_\theta^3} \frac{(\nabla Q(x_k, \lambda, \mu) - \nabla Q(x^*, \lambda, \mu))}{(x_k - x^*)^T (x_k - x^*)},$$

$$= 1 - \frac{2c_k t_k \displaystyle\int_0^1 (x_k - x^*)^T \nabla^2 Q(x^* + t(x_k - x^*), \lambda, \mu)\,\mathrm{d}t}{\dfrac{\displaystyle\int_0^1 \nabla^2 Q(x^* + t(x_k - x^*), \lambda, \mu)(x_k - x^*)\,\mathrm{d}t}{L_\theta^3 (x_k - x^*)^T (x_k - x^*)}}$$

$$= 1 - \frac{2c_k t_k}{L_\theta^3 (x_k - x^*)^T (x_k - x^*)} \int_0^1 \int_0^1 [(x_k - x^*)^T \nabla^2 Q(x^* +$$

$$t(x_k - x^*), \lambda, \mu) \cdot \nabla^2 Q(x^* + t'(x_k - x^*), \lambda, \mu) \cdot (x_k - x^*)] \mathrm{d}t \mathrm{d}t'$$

$$\leqslant 1 - \frac{2c_k t_k l_\theta^2}{L_\theta^3} \frac{(x_k - x^*)^T (x_k - x^*)}{(x_k - x^*)^T (x_k - x^*)}$$

$$= 1 - \frac{l_\theta^4}{L_\theta^4},$$

其中 $\sigma \in (0, 1)$，$t_k = \frac{l_\theta}{L_\theta} \in \left(0, \frac{2l_\theta}{L_\theta}\right)$，

$$c_k = l_\theta - \frac{L_\theta t_k}{2} = \frac{l_\theta}{2} \in (0, l_\theta)。$$

注 按照(2.3.5)，我们有

$$Q(x_{k+1}, \lambda, \mu) - Q(x^*, \lambda, \mu)$$

$$\leqslant (Q(x_0, \lambda, \mu) - Q(x^*, \lambda, \mu)) \left(1 - \frac{l_\theta^4}{L_\theta^4}\right)^{k+1}$$

$$\leqslant \left(1 - \frac{l_\theta^4}{L_\theta^4}\right)^L。$$

于是关于算法迭代数的界是 $O(L)$，L 表示问题的规模。

此外，求解系统(2.3.1)每次迭代的计算量是 $O(n^3)$。这样算法的复杂性是 $O(n^3 L)$，其中 L 依赖于函数 $Q(x, \lambda, \mu)$。([68])

定理 2.3.3 若 $\{x_k\}$ 是由牛顿法产生，则对所有 k 成立

$$\| x_{k+1} - x^* \| \leqslant \left(1 - \frac{l_\theta^4}{L_\theta^4}\right)^{\frac{1}{2}} \| x_k - x^* \|,$$

其中

$$\left.\begin{array}{l} x_{k+1}=x_k+t_kd_k,\ 0<t_k=\dfrac{l_\theta^3}{L_\theta^3}<\dfrac{2l_\theta}{L_\theta} \\ \nabla^2Q(x_k,\lambda,\mu)d_k=-\nabla Q(x_k,\lambda,\mu) \end{array}\right\} \tag{2.3.6}$$

证明 由(2.3.6),我们有

$$x_{k+1}=x_k+t_kd_k,$$

$$\nabla^2Q(x_k,\lambda,\mu)d_k=-\nabla Q(x_k,\lambda,\mu),$$

于是 $x_{k+1}-x^*=x_k-x^*+t_kd_k$,

且

$$\|x_{k+1}-x^*\|^2=\|x_k-x^*+t_kd_k\|^2$$

$$=\|x_k-x^*\|^2+2t_k(x_k-x^*)^Td_k+t_k^2\|d_k\|^2$$

$$=\|x_k-x^*\|^2-2t_k(x_k-x^*)^T(\nabla^2Q(x_k,\lambda,\mu))^{-1}\nabla Q(x_k,\lambda,\mu)+ t_k^2\nabla^TQ(x_k,\lambda,\mu)(\nabla^2Q(x_k,\lambda,\mu))^{-2}\nabla Q(x_k,\lambda,\mu)$$

$$=\|x_k-x^*\|^2-2t_k(x_k-x^*)^T(\nabla^2Q(x_k,\lambda,\mu))^{-1}(\nabla Q(x_k,\lambda,\mu)-\nabla Q(x^*,\lambda,\mu))+t_k^2(\nabla^TQ(x_k,\lambda,\mu)-\nabla^TQ(x^*,\lambda,\mu))(\nabla^2Q(x_k,\lambda,\mu))^{-2}(\nabla Q(x_k,\lambda,\mu)-\nabla Q(x^*,\lambda,\mu))$$

$$\leqslant\|x_k-x^*\|^2-2t_k(x_k-x^*)^T(\nabla^2Q(x_k,\lambda,\mu))^{-1}\int_0^1\nabla^2Q(x^*+t(x_k-x^*),\lambda,\mu)(x_k-x^*)\mathrm{d}t+\frac{t_k^2}{l_\theta^2}\int_0^1(x_k-x^*)^T\nabla^2Q(x^*+t(x_k-x^*),\lambda,\mu)\mathrm{d}t\int_0^1\nabla^2Q(x^*+t(x_k-x^*),\lambda,\mu)(x_k-x^*)\mathrm{d}t$$

$$=\|x_k-x^*\|^2-2t_k\int_0^1(x_k-x^*)^T(\nabla^2Q(x_k,\lambda,\mu))^{-1}\nabla^2Q(x^*+$$

$$t(x_k - x^*),\ \lambda,\ \mu)(x_k - x^*)\mathrm{d}t + \frac{t_k^2}{l_\theta^2}\int_0^1\int_0^1 (x_k - x^*)^T \nabla^2 Q(x^* +$$

$$t(x_k - x^*)\lambda,\ \mu)\ \nabla^2 Q(x^* + t'(x_k - x^*),\ \lambda,\ \mu)(x_k - x^*)\mathrm{d}t\mathrm{d}t'$$

$$\leqslant \| x_k - x^* \|^2 - 2t_k \frac{l_\theta}{L_\theta} \| x_k - x^* \|^2 + t_k^2 \frac{L_\theta^2}{l_\theta^2} \| x_k - x^* \|^2$$

$$= \left(1 - 2t_k \frac{l_\theta}{L_\theta} + t_k^2 \frac{L_\theta^2}{l_\theta^2}\right) \| x_k - x^* \|^2$$

$$= \left(1 - \frac{l_\theta^4}{L_\theta^4}\right) \| x_k - x^* \|^2,$$

其中，令

$$0 < t_k = \frac{l_\theta^3}{L_\theta^3} < \frac{l_\theta}{L_\theta}$$

故定理结论为真。

定理 2.3.2、定理 2.3.3 对所有 $k = 1, 2, \cdots$，均成立，这表示算法具有一致线性敛速。

注 若(P)是凸规划，并且没有一个函数是强凸的，则我们可增加一个大的球 $B_R = \{x \in R^n \mid \| x \|^2 \leqslant R\}$，$R > 0$ 充分大，使得

$$S \subseteq \mathrm{int}\, B_R。$$

这样(P)等价于($\overline{P}$)

$$(\overline{P}) \quad \min f(x)$$

$$\text{s. t. } x \in \overline{S} = \{x \in R^n \mid g_i(x) \leqslant 0,\ i = 1,\ \cdots,\ m,\ \| x \|^2 \leqslant R\} = S。$$

相应的光滑精确乘子罚函数($Q_{\lambda\overline{\mu}}$)

$$(Q_{\lambda\overline{\mu}}) \quad \min_{x \in X} \overline{Q}(x,\ \lambda,\ \mu) = f(x) + \frac{1}{\mu}\left(\sum_{i=1}^{m} \mathrm{e}^{\lambda_i \mu g_i(x)} + \mathrm{e}^{\lambda_{m+1}\mu(\| x \|^2 - R^2)} \right)$$

这时 $\overline{Q}(x, \lambda, \mu)$ 是强凸的，故我们能利用上述牛顿法来求解。

这样，对线性规划(LP)，和半正定二次规划(QP)：

$$(LP)\quad \min \ c^T x$$
$$\text{s.t.}\quad x \in S = \{x \in R^n \mid a_i^T x - b_i \leqslant 0,\ i = 1, \cdots, m\}$$
$$(QP)\quad \min \ x^T Q x + a^T x$$
$$\text{s.t.}\quad x \in S = \{x \in R^n \mid a_i^T x - b_i \leqslant 0,\ i = 1, \cdots, m\}$$
$$(QQ_i)\quad \min \ x^T Q x + a^T x$$
$$\text{s.t.}\quad x \in S = \{x \in R^n \mid x^T Q_i x + a_i^T x + b_i \leqslant 0,\ i = 1, \cdots, m\}$$

其中 S 有界，且 Q, Q_i 是半正定矩阵，则我们能利用上述方法来求解。

现在讨论算法的 q 局部二次敛速：

定理 2.3.4 假定牛顿迭代方向由下式确定：

$$d_k = -\nabla^2 Q(x_k, \lambda, \mu)^{-1} \nabla Q(x_k, \lambda, \mu)$$

且

$$x_{k+1} = x_k + t_k d_k,\ t_k > 0$$

若 $\lim\limits_{k\to\infty} x_k = x^*$，且对所有 k，

$$\nabla Q(x_k, \lambda, \mu) \neq 0,$$

$$\nabla Q(x^*, \lambda, \mu) = \theta,$$

$\nabla^2 Q(x_k, \lambda, \mu)$, $\nabla^2 Q(x^*, \lambda, \mu)$ 正定，x_k 按 Armijo 规则确定，即

$$Q(x_k + t_k d_k, \lambda, \mu) - Q(x_k, \lambda, \mu) \leqslant \sigma \nabla Q(x_k, \lambda, \mu) d_k,$$

其中 $0 < \sigma < \dfrac{1}{2}$，则存在正整数 k_0，当 $k \geqslant k_0$ 时，可取 $t_k = 1$，即

$$x_{k+1} = x_k + d_k。$$

证明 我们只需要证明，存在正整数 k_0，当 $k \geqslant k_0$ 时成立

$$Q(x_k + d_k, \lambda, \mu) - Q(x_k, \lambda, \mu)$$

$$\leqslant -\sigma\nabla Q(x_k, \lambda, \mu)^T\nabla^2 Q(x_k, \lambda, \mu)^{-1}\nabla Q(x_k, \lambda, \mu)$$

$$=\sigma\nabla Q(x_k, \lambda, \mu)^T d_k。$$

由中值定理

$$Q(x_k+d_k, \lambda, \mu)-Q(x_k, \lambda, \mu)$$

$$=\nabla Q(x_k, \lambda, \mu)^T d_k+\frac{1}{2}d_k^T\nabla^2 Q(\bar{x}_k, \lambda, \mu)d_k,$$

其中

$$\bar{x}_k=x_k+\lambda_k d_k, 0<\lambda_k<1$$

于是只需要证明下式成立，

$$\nabla Q(\lambda_k, \lambda, \mu)^T d_k+\frac{1}{2}d_k^T\nabla^2 Q(\bar{x}_k, \lambda, \mu)d_k\leqslant\sigma\nabla Q(x_k, \lambda, \mu)^T d_k \tag{2.3.7}$$

令

$$p_k=\frac{\nabla Q(x_k, \lambda, \mu)}{\|\nabla Q(x_k, \lambda, \mu)\|}, q_k=\frac{d_k}{\|\nabla Q(x_k, \lambda, \mu)\|}$$

从而不等式(2.3.7)可写成

$$(1-\sigma)\mu_k^T q_k+\frac{1}{2}q_k^T\nabla^2 Q(\bar{x}_k, \lambda, \mu)q_k\leqslant 0 \tag{2.3.8}$$

由于

$$q_k=\frac{d_k}{\|\nabla Q(x_k, \lambda, \mu)\|}=-\frac{\nabla^2 Q(x_k, \lambda, \mu)^{-1}\nabla Q(x_k, \lambda, \mu)}{\|\nabla Q(x_k, \lambda, \mu)\|}$$

有界，及 $\lim_k\nabla Q(x_k, \lambda, \mu)=\nabla Q(x^*, \lambda, \mu)$，我们得 $\lim_k d_k=0$，故 $\lim\limits_{k\to\infty}(x_k+d_k)\to x^*$，从而推得

$$\lim_{k\to\infty}\bar{x}_k=x^*$$

及

$$\lim_{k\to\infty}\nabla^2 Q(\bar{x}_k, \lambda, \mu) = \nabla^2 Q(x^*, \lambda, \mu)$$

因为

$$q_k = -\nabla^2 Q(x_k, \lambda, \mu)^{-1} p_k,$$

故(2.3.8)可写成

$$-(1-\sigma)\mu_k^T\nabla^2 Q(x_k, \lambda, \mu)^{-1}\mu_k + \frac{1}{2}\mu_k^T\nabla^2 Q(x_k,$$

$$\lambda, \mu)^{-1}\nabla^2 Q(\bar{x}_k, \lambda, \mu)\nabla^2 Q(x_k, \lambda, \mu)^{-1}\mu_k \leqslant 0,$$

即

$$(1-\sigma)\mu_k^T\nabla^2 Q(x_k, \lambda, \mu)^{-1}\mu_k - \frac{1}{2}\mu_k^T\nabla^2 Q(x_k, \lambda, \mu)^{-1}\mu_k \geqslant r_k,$$

其中 $\lim\limits_{k\to\infty} r_k = 0$。这里注意

$$\lim_{k\to\infty}\nabla^2 Q(\bar{x}_k, \lambda, \mu) = \nabla^2 Q(x^*, \lambda, \mu),$$

$$\lim_{k\to\infty}\nabla^2 Q(x_k, \lambda, \mu) = \nabla^2 Q(x^*, \lambda, \mu),$$

$$\lim_{k\to\infty}\nabla^2 Q(x_k, \lambda, \mu)^{-1} = \nabla^2 Q(x^*, \lambda, \mu)^{-1}$$

于是(2.3.8)等价于

$$(1-\sigma)\mu_k^T\nabla^2 Q(x_k, \lambda, \mu)^{-1}\mu_k \geqslant r_k,$$

由于 $\frac{1}{2} > \sigma > 0$，$\|\mu_k\| = 1$ 及 $\nabla^2 Q(x^*, \lambda, \mu)$ 正定，上述不等式当 k 充分大时成立，故当 k 充分大时可取 $x_k = 1$。

定理 2.3.5 令 $x_{k+1} = x_k - \nabla^2 Q(x_k, \lambda, \mu)^{-1}\nabla Q(x_k, \lambda, \mu)$，且 $\nabla^2 Q(x, \lambda, \mu)$ 为李普希兹连续，其常数为 r，则成立：

$$\| x_{k+1} - x^* \| \leqslant \frac{r}{2l_\theta} \| x_{k+1} - x^* \|^2 = K \| x_k - x^* \|^2$$

其中 $K = \dfrac{r}{2l_\theta} > 0$。

证明 因为

$$\begin{aligned} x_{k+1} - x^* &= x_k - x^* - \nabla^2 Q(x_k, \lambda, \mu)^{-1} \nabla Q(x_k, \lambda, \mu) \\ &= x_k - x^* - \nabla^2 Q(x_k, \lambda, \mu)^{-1} \cdot \\ &\quad (\nabla Q(x_k, \lambda, \mu) - \nabla Q(x^*, \lambda, \mu)) \\ &= \nabla^2 Q(x_k, \lambda, \mu)^{-1} \int_0^1 (\nabla^2 Q(x_k, \lambda, \mu) - \\ &\quad \nabla^2 Q(x^* + t(x_k - x^*, \lambda, \mu))(x_k - x^*) \mathrm{d}t \end{aligned}$$

从而

$$\begin{aligned} \| x_{k+1} - x^* \| &\leqslant \| \nabla^2 Q(x_k, \lambda, \mu)^{-1} \| \int_0^1 \| [\nabla^2 Q(x_k, \lambda, \mu) - \\ &\quad \nabla^2 Q(x^* + t(x_k - x^*)) \| \| x_k - x^* \|] \mathrm{d}t \\ &\leqslant \frac{r}{l_\theta} \int_0^1 \| x_k - x^* + t(x_k - x^*) \| \| x_k - x^* \| \mathrm{d}t \\ &= \frac{r}{l_\theta} \int_0^1 (1 - t) \mathrm{d}t \| x_k - x^* \|^2 \\ &= \frac{r}{2l_\theta} \| x_k - x^* \|^2 。\end{aligned}$$

注 因为

$$\begin{aligned} \| \nabla^2 Q(x_k, \lambda, \mu)^{-1} \| &= \max_{\| y \| = 1} \| \nabla^2 Q(x_k, \lambda, \mu)^{-1} y \| \\ &= \| \nabla^2 Q(x_k, \lambda, \mu)^{-1} y_0 \| , \end{aligned}$$

故

$$\begin{aligned}\| \nabla^2 Q(x_k, \lambda, \mu)^{-1} \|^2 &= \| \nabla^2 Q(x_k, \lambda, \mu)^{-1} y_0 \|^2 \\ &= (\nabla^2 Q(x_k, \lambda, \mu)^{-1} y_0)^T (\nabla^2 Q(x_k, \\ &\quad \lambda, \mu)^{-1} y_0) \\ &= y_0^T (\nabla^2 Q(x_k, \lambda, \mu)^{-1} y_0)^2 y_0 \\ &\leqslant \frac{\| y_0 \|^2}{l_\theta^2} = \frac{1}{l_\theta^2}\end{aligned}$$

即

$$\| \nabla^2 Q(x_k, \lambda, \mu)^{-1} \| \leqslant \frac{1}{l_\theta}。$$

定理 2.3.6 若定理 2.3.4、定理 2.3.5 假定成立，则有下述不等式：

$$\begin{aligned}0 &< Q(x_{k+1}, \lambda, \mu) - Q(x^*, \lambda, \mu) \\ &\leqslant \frac{2L_f K^2}{l_\theta^2}(Q(x_k, \lambda, \mu) - Q(x^*, \lambda, \mu))^2\end{aligned}$$

证明 因为

$$\begin{aligned}0 &< Q(x_{k+1}, \lambda, \mu) - Q(x^*, \lambda, \mu) \\ &= (x_{k+1} - x^*)^T \nabla Q(x^*, \lambda, \mu) + \frac{(x_{k+1} - x^*)^T}{2} \cdot \\ &\quad \nabla^2 Q(x^* + t(x_{k+1} - x^*), \lambda, \mu)(x_{k+1} - x^*) \\ &= \frac{(x_{k+1} - x^*)^T}{2} \nabla^2 Q(x^* + t(x_{k+1} - x^*), \lambda, \mu)(x_{k+1} - x^*) \\ &\leqslant \frac{L_\theta}{2} \| x_{k+1} - x^* \|^2,\end{aligned}$$

其中 $t \in (0, 1)$。又因为

$$
\begin{aligned}
0 &< Q(x_k, \lambda, \mu) - Q(x^*, \lambda, \mu) \\
&= (x_k - x^*)^T \nabla Q(x^*, \lambda, \mu) + \frac{(x_k - x^*)^T}{2} \cdot \\
&\quad \nabla^2 Q(x^* + t_1(x_k - x^*), \lambda, \mu)(x_k - x^*) \\
&= \frac{(x_k - x^*)^T}{2} \nabla^2 Q(x^* + t_1(x_k - x^*), \lambda, \mu)(x_k - x^*) \\
&\geqslant \frac{l_\theta}{2} \| x_k - x^* \|^2,
\end{aligned}
$$

其中 $t_1 \in (0, 1)$，从而

$$
\begin{aligned}
0 &< \frac{Q(x_{k+1}, \lambda, \mu)}{(Q(x_k, \lambda, \mu))^2} \leqslant \frac{2L_\theta \| x_{k+1} - x^* \|^2}{l_\theta^2 \| x_k - x^* \|^4} \\
&\leqslant \frac{2L_\theta K^2}{l_\theta^2} \frac{\| x_k - x^* \|^4}{\| x_k - x^* \|^4} = \frac{2L_\theta K^2}{l_\theta^2}。
\end{aligned}
$$

2.4 乘子估计

令 $\hat{\lambda}_i = \lambda_i e^{\lambda_i \mu g_i(x_{\lambda\mu}^*)}$，$\lambda_i^*$ 为问题(P)在 x^* 的乘子。现讨论差$\hat{\lambda}_i - \lambda_i^*$的估计，有下述定理：

定理 2.4.1 若 $\mu > 0$ 充分大，$\lambda_i > 0$，$i = 1, 2, \cdots, m$ 有限，满足定理 2.2.1、定理 2.2.4、定理 2.2.5 的条件，$x^* \in L(P)$，$x_{\lambda\mu}^* \in L(Q_{\lambda\mu})$，$\nabla g_i(x^*)$，$i \in I(x^*)$ 线性独立，且 $\| I(x^*) \| = n$，则成立

(1) $0 < | \hat{\lambda}_i - \lambda_i^* | = \hat{\lambda}_i \leqslant \dfrac{c_i(\mu)}{\mu}$，对 $i \in I \backslash I(x^*)$，其中 $0 < \lim\limits_{\mu \to +\infty} c_i(\mu) = 0$；

(2) $0 < | \lambda_i - \lambda_i^* | \leqslant \dfrac{c_i(\mu)}{\mu}$，$0 < \lim\limits_{\mu \to +\infty} c_i(\mu) = 0$，这里 $i \in I(x^*)$；

(3) 若 $|g_i(x^*_{\lambda\mu})| \leqslant \frac{c_i(\mu)}{\mu^2}$，$c_i(\mu) \to 0(\mu \to +\infty)$，则 $0 < |\hat{\lambda}_i - \lambda_i^*| \leqslant \frac{\bar{c}_i(\mu)}{\mu}$，其中 $\bar{c}_i(\mu) \to 0(\mu \to +\infty)$。

证明 (1) 在这种情况下，

$$\hat{\lambda}_i = \lambda_i e^{\mu\lambda_i g_i(x^*_{\lambda_i\mu})} \doteq 0 = \lambda_i^*,$$

因为

$$g_i(x^*_{\lambda_i\mu}) \doteq g_i(x^*) < 0,$$

此外

$$\lim_{\mu\to+\infty} \mu^2 \lambda_i e^{\mu\lambda_i g_i(x^*_{\lambda_i\mu})} = 0,$$

故

$$0 < |\hat{\lambda}_i - \lambda_i^*| = \hat{\lambda}_i = \lambda_i e^{\mu\lambda_i g_i(x^*_{\lambda_i\mu})} \leqslant \frac{c_i(\mu)}{\mu},$$

其中 $\lim\limits_{\mu\to+\infty} c_i(\mu) = 0$。

(2) 在这种情况下，

$$g_i(x^*_{\lambda\mu}) \doteq 0 = g_i(x^*),\ \lambda_i^* > 0,$$

因为

$$\lambda_i = \lambda_i^* + \Delta\lambda_i,\ \Delta\lambda_i = -\sum_{j\in I\setminus I(x^*)} \alpha_{ji}\lambda_j e^{\mu\lambda_j g_j(x^*)}$$

且 $\lambda_j > 0$ 为有限值，且对 $j \in I\setminus I(x^*)$，$g_j(x^*) < 0$，故

$$\mu\Delta\lambda_i = -\mu \sum_{j\in I\setminus I(x^*)} \alpha_{ji}\lambda_j e^{\mu\lambda_j g_j(x^*)} \to 0(\mu \to +\infty)$$

从而

$$0 < |\lambda_i - \lambda_i^*| = |\Delta\lambda_i| \leqslant \frac{c_i(\mu)}{\mu},$$

其中，$0 < \lim\limits_{\mu \to +\infty} c_i(\mu) = 0$。

由

$$\lim_{\mu \to +\infty} \lambda_i^* > 0$$

及

$$\hat{\lambda}_i = \lambda_i e^{\mu\lambda_i g_i(x_{\lambda\mu}^*)} \to \lambda_i^* (\mu \to +\infty),$$

可推得

$$e^{\mu\lambda_i g_i(x_{\lambda\mu}^*)} \to 1(\mu \to +\infty),$$

即

$$\mu\lambda_i g_i(x_{\lambda\mu}^*) \to 0(\mu \to +\infty),$$

及

$$|g_i(x_{\lambda\mu}^*) - g_i(x^*)| = |g_i(x_{\lambda\mu}^*)| \leqslant \frac{c_i(\mu)}{\mu},$$

其中 $0 < \lim\limits_{\mu \to +\infty} c_i(\mu) = 0$。

(3) 若 $|g_i(x_{\lambda\mu}^*)| \leqslant \frac{c_i(\mu)}{\mu}$，其中 $0 < \lim\limits_{\mu \to +\infty} c_i(\mu) = 0$，则

$$\begin{aligned}
0 < |\hat{\lambda}_i - \lambda_i^*| &= |\hat{\lambda}_i - \lambda_i + \lambda_i - \lambda_i^*| \leqslant |\hat{\lambda}_i - \lambda_i| + |\Delta\lambda_i| \\
&\leqslant |\lambda_i e^{\mu\lambda_i g_i(x_{\lambda\mu}^*)} - \lambda_i| + \frac{c_i(\mu)}{\mu} = |\lambda_i(e^{\mu\lambda_i g_i(x_{\lambda\mu}^*)} - 1)| + \frac{c_i(\mu)}{\mu} \\
&= |\lambda_i(\mu\lambda_i g_i(x_{\lambda\mu}^*)) + o(\mu\lambda_i g_i(x_{\lambda\mu}^*))| + \frac{c_i(\mu)}{\mu} \\
&\leqslant \frac{c_i'(\mu)}{\mu} + \frac{c_i(\mu)}{\mu} \leqslant \frac{\bar{c}_i(\mu)}{\mu}
\end{aligned}$$

其中 $0 < \lim\limits_{\mu \to +\infty} \bar{c}_i(\mu) = 0$。

2.5 数值试验例子

例 2.5.1

$$\min f(x) = x_1^2 + 2x_2^2 - 2x_1x_2 - 2x_1 - 6x_2$$

$$\text{s.t.}\ \ x_1 + x_2 \leqslant 2$$

$$-x_1 + 2x_2 \leqslant 2$$

$$x_1,\ x_2 \geqslant 0$$

$$g_1(x) = x_1 + x_2 - 2$$

$$g_2(x) = -x_1 + 2x_2 - 2$$

$$X = \{(x_1,\ x_2) \mid 0 \leqslant x_i \leqslant 2;\ i = 1,\ 2\},\ x \in X$$

初始点：$x_0 = (0,\ 0.666\,66)$，

$$Q(x, \lambda, \mu) = f(x) + \frac{1}{\mu}(\mathrm{e}^{\lambda_1 \mu g_1(x)} + \mathrm{e}^{\lambda_2 \mu g_2(x)})$$

$$= f(x) + \frac{1}{\mu}(\mathrm{e}^{\lambda_1 \mu(x_1 + x_2 - 2)} + \mathrm{e}^{\lambda_2 \mu(-x_1 + 2x_2 - 2)})$$

计算结果见表 1。

表 1　概括 3 次迭代的计算

k	X_k	$\nabla Q(x_k, \lambda, \mu)$	μ	λ_1	λ_2
0	(0, 0.666 660)	4.714 055	20.000 000	4.000 000	4.000 000
1	(0.764 050, 1.176 028)	3.887 479	20.200 000	3.063 709	3.500 684
2	(0.799 770, 1.199 841)	0.231 317	20.402 000	3.035 991	3.259 452
3	(0.799 210, 1.199 472)	0.006 740	—	—	—

续　表

k	d_k	t	$f(x)$	$Q(x, \lambda, p)$
0	(5. 000 000, 3. 333 340)	0. 152 810	−3. 111 089	−3. 111 089
1	(0. 326 703, 0. 217 808)	0. 109 334	−7. 031 498	−7. 030 285
2	(−0. 000 536, −0. 000 353)	1. 043 645	−7. 198 911	−7. 151 063
3	—	—	−7. 196 313	−7. 151 620

按照表 1,在 3 次迭代末,点 $x_3^* = (0.799\,210, 1.199\,472)$ 达到了目标函数 $f(x_3^*) = -7.196\,313$。注意到最优点是(0. 8, 1. 2),其目标函数值是 -7.2。([69])

例 2. 5. 2

$$\min f(x) = 2x_1^2 + 2x_2^2 - 2x_1x_2 - 4x_1 - 6x_2$$

$$\text{s. t. } x_1 + 5x_2 \leqslant 5$$

$$2x_1^2 - x_2 \leqslant 0$$

$$x_1, x_2 \geqslant 0$$

$$g_1(x) = x_1 + 5x_2 - 5$$

$$g_2(x) = 2x_1^2 - x_2$$

$$X = \{(x_1, x_2) \mid 0 \leqslant x_i \leqslant 3; i = 1, 2\}, x \in X$$

初始点 $x_0 = (0.300\,000, 0.900\,000)$

$$Q(x, \lambda, \mu) = f(x) + \frac{1}{\mu} \sum_{i=1}^{2} e^{\lambda_i \mu g_i(x)}$$

$$= f(x) + \frac{1}{\mu}(e^{\lambda_1 \mu(x_1 + 5x_2 - 5)} + e^{\lambda_2 \mu(2x_1^2 - x_2)})$$

计算结果见表 2。

表 2 例 2.5.2 的计算结果

k	X_k	$\nabla Q(x_k, \lambda, \mu)$	μ	λ_1	λ_2
0	(0.300 000, 0.900 000)	5.032 547	10.000 000	1.000 000	1.000 000
1	(0.568 109, 0.885 115)	2.519 929	10.010 000	0.980 199	0.930 531
2	(0.655 085, 0.868 147)	0.032 011	10.020 010	0.979 592	0.910 032
3	(0.655 080, 0.868 011)	0.003 555	—	—	—

k	d_k	t	$f(x)$	$Q(x, \lambda, \mu)$
0	(0.874 745, −0.048 566)	0.306 500	−5.340 000	−5.326 392
1	(0.229 729, −0.044 816)	0.378 601	−6.376 455	−6.271 839
2	(−0.000 005, −0.000 131)	1.042 113	−6.601 010	−6.414 015
3	—	—	−6.600 471	−6.414 207

按照表 2，在 3 次迭代末，点 $x_3^* = (0.655\,080,\ 0.868\,011)$ 达到了目标函数 $f(x_3^*) = -6.600\,471$。注意到最优点是(0.658 872, 0.868 26)，其目标函数值是 −6.613 086。([70])

例 2.5.3

$$\min f(x) = 2x_1^2 + 2x_2^2 - 2x_1x_2 - 4x_1 - 6x_2$$

$$\text{s.t.}\ x_1 + x_2 \leqslant 2$$

$$x_1 + 5x_2 \leqslant 5$$

$$x_1,\ x_2 \geqslant 0$$

$$g_1(x) = x_1 + x_2 - 2$$

$$g_2(x) = x_1 + 5x_2 - 5$$

$$X = \{(x_1,\ x_2) \mid 0 \leqslant x_i \leqslant 2;\ i = 1,\ 2\},\ x \in X$$

初始点 $x_0 = (0.500\,000,\ 0.700\,000)$

$$Q(x, \lambda, \mu) = f(x) + \frac{1}{\mu}\sum_{i=1}^{2} e^{\lambda_i \mu g_i(x)}$$
$$= f(x) + \frac{1}{\mu}(e^{\lambda_1 \mu(x_1+x_2-2)} + e^{\lambda_2 \mu(x_1+5x_2-5)})$$

计算结果见表 3。

表 3　概括 9 次迭代的计算

k	X_k	$\nabla Q(x_k, \lambda, \mu)$	μ	λ_1	λ_2
0	0.500 000，0.700 000)	5.403 702	20.000 000	2.000 000	2.000 000
1	(0.650 641，0.861 597)	3.297 240	20.200 000	1.846 233	1.809 675
2	(1.085 145，0.782 583)	3.402 292	20.402 000	1.765 735	1.802 979
3	(1.097 062，0.779 529)	2.371 678	20.606 020	1.754 636	1.802 671
4	(1.106 140，0.777 107)	1.531 300	20.812 080	1.727 481	1.801 836
5	(1.112 522，0.775 336)	0.898 027	21.020 201	1.710 821	1.800 538
6	(1.116 597，0.774 168)	0.468 052	21.230 403	1.695 278	1.798 873
7	(1.118 957，0.773 485)	0.209 116	21.442 707	1.680 555	1.796 959
8	(1.120 225，0.773 129)	0.069 862	21.657 134	1.666 448	1.794 910
9	(1.120 888，0.772 962)	0.003 860	—	—	—

k	d_k	t	$f(x)$	$Q(x, \lambda, \mu)$
0	(1.833 333，1.966 667)	0.082 168	−5.420 000	−5.420 000
1	(0.478 625，−0.087 036)	0.907 818	−6.561 959	−6.551 051
2	(0.037 600，−0.009 639)	0.316 935	−7.154 561	−7.108 500
3	(0.024 925，−0.006 647)	0.364 231	−7.153 822	−7.112 945
4	(0.015 412，−0.004 278)	0.414 075	−7.151 501	−7.115 611
5	(0.008 856，−0.002 538)	0.460 155	−7.149 558	−7.117 102
6	(0.004 760，−0.001 378)	0.495 777	−7.148 014	−7.117 937
7	(0.002 449，−0.000 687)	0.517 801	−7.147 043	−7.118 481
8	(0.001 255，−0.000 317)	0.528 017	−7.146 568	−7.118 923
9	—	—	−7.146 409	−7.119 335

按照表 3，在 9 次迭代末，点 $x_9^* = (1.120\,888, 0.772\,962)$ 达到了目标函数 $f(x_9^*) = -7.146\,409$。注意到最优点是(1.129 032, 0.774 194)，其目标函数值是 $-7.161\,292$。([71])

第三章　对数型乘子精确罚函数

3.1　引言

考虑非线性规划问题：

$$(P)\cdot \min_{x\in S} f(x) \tag{3.1.1}$$

其中

$$S=\{x\in X \mid g_i(x)\leqslant 0,\ i=1,2,\cdots,m\}$$

这里

$$\lim_{\|x\|\to\infty} f(x)=+\infty,\ f,\ g_i\in C^2,\ i=1,\ 2,\ \cdots,\ m,\ G(P)\subset \text{int}\, X$$

针对问题(3.1.1)我们构造下述对数型乘子精确罚函数：$(Q_{\lambda\mu})\ \min_{x\in X} Q(x,\lambda,\mu)=f(x)-\frac{1}{\mu}\sum_{i=1}^{m}\ln(1-\lambda_i\mu g_i(x))$，$\mu>0$为罚参数，$\lambda_i\geqslant 0,\ i=1,\ 2,\ \cdots,\ m$为与原问题$(P)$乘子有关的参数，或

$$(Q_{\lambda\mu})\quad \min_{x\in X} Q(x,\lambda,\mu)=f(x)-\frac{1}{\mu}\sum_{i=1}^{m}\lambda_i\ln(1-\mu g_i(x)) \tag{3.1.2}$$

μ与$\lambda_i,\ i=1,\ 2,\ \cdots,\ m$同上。

令$\ln y=-\infty,\ y\leqslant 0$，且$S\subset \text{int}\, X$，记

$$P_1(x)=-\sum_{i=1}^{m}\ln(1-\lambda_i\mu g_i(x))$$

或

$$P_1(x) = -\sum_{i=1}^{m} \lambda_i \ln(1 - \mu g_i(x)),$$

显然，$x \in S \Rightarrow P_1(x) \leqslant 0$。

本章在引入对数型乘子精确罚函数后，我们用比较初等的方法讨论了原问题和对数型乘子罚函数问题的全局最优解的近似等价性。在二阶最优性充分条件下，我们给出了对数型乘子精确罚函数的局部精确罚性质，即当罚参数 $\mu > 0$ 充分大，λ_i，$i = 1, \cdots, m$ 适当选取时，原问题满足二阶最优性充分条件的局部极小点是相应罚问题的局部极小点，进一步，对原问题的 KKT 乘子进行了摄动后，在满足一定的约束品性下，我们又给出了相应罚问题的局部精确罚性质。

此外，根据已得出的全局最优解的近似等价性，我们找出了原问题的 KKT 乘子与相应的罚问题中的乘子参数之间的一种密切关系。并对乘子进行了有效的估计。进而我们证明了乘子精确罚函数问题的弱对偶定理和强对偶定理，最后我们设计了一个算法，数值试验表明方法是切实可行的。

本章包括五节，第一节对本章作了介绍；第二节给出了解的近似性质和对数型乘子精确罚函数的精确罚性质；第三节对 KKT 乘子进行了研究和估计；第四节给出了乘子精确罚函数的对偶性质；第五节设计了一个简单算法，并进行了数值试验。

3.2 精确罚性质

定理 3.2.1

若 $G(P) \subset \text{int}\, X$，$G(P) + \varepsilon_1 B(0, 1) \subset X$，$\varepsilon_1 > 0$，

$$B(0, 1) = \{x \in R^n \mid \|x\| < 1\},$$

则当 $\mu > \max\left(\dfrac{1}{\lambda_i g_i(x_0)}, \left(\dfrac{4m}{\eta_{\varepsilon_1\varepsilon_0}}\right)^2, \max\limits_i(1+\lambda_i M)\right)$,

或 $\mu > \max\left(\dfrac{1}{g_{i_0}(x_0)}, \left(\dfrac{4m}{\eta_{\varepsilon_1\varepsilon_0}}\max\limits_i \lambda_i\right)^2, 1+M\right)$

$$\lambda_i > 0,\ i = 1, 2, \cdots, m \text{ 为有限数},$$

其中

$$0 < \eta_{\varepsilon_1\varepsilon_0} \leqslant \min_{x\in(S+\varepsilon_0 B(0,1))\setminus(G(p)+\varepsilon_1 B(0,1))} f(x) - f(x^*),$$

$$0 < \varepsilon_0 < \varepsilon_1,\ x^* \in G(P),$$

我们有

$$Q_{\lambda\mu}(x^*) \leqslant Q_{\lambda\mu}(x), \text{对所有 } x \in X\setminus(G(P)+\varepsilon_1 B(0,1))$$

证明 首先我们证明 $\eta_{\varepsilon_1\varepsilon_0} > 0$ 的存在性

由于当 $x \in S\setminus G(P)$,成立

$$f(x) > f(x^*)。$$

这样对任意 $\varepsilon_1 > 0$,有 $f(x) > f(x^*)$, $\forall x \in S\setminus(G(P)+\varepsilon_1 B(0,1))$, 又 $S\setminus(G(P)+\varepsilon_1 B(0,1))$ 是一有界闭集,且 $f(x)$ 是连续函数,于是得:存在 $\eta > 0$,且 $\varepsilon_0 > 0$, $\varepsilon_0 < \varepsilon_1$,

使得

$$\min_{x\in(S+\varepsilon_0 B(0,1))\setminus(G(P)+\varepsilon_1 B(0,1))} f(x) - f(x^*) \geqslant \eta_{\varepsilon_1\varepsilon_0}$$

其次,对

$$x \in X\setminus(S+\varepsilon_0 B(0,1)),$$

存在 $i_1 \in \{1, \cdots, m\}$,使得 $g_{i_1}(x) > 0$,且

$$\max_i g_i(x) \geqslant g_{i_1}(x) > 0,$$

由于 $X\setminus(S+\varepsilon_0 B(0,1))$ 是有界闭集,而 $\max\limits_i g_i(x)$ 是连续函数,所以有:

$$\min_{x\in X\setminus(S+\varepsilon_0 B(0,\ 1))} \max_i g_i(x) \geqslant g_{i_0}(x_0) > 0$$

这里 $i_0 \in (1, \cdots, m)$, $x_0 \in X(S+\varepsilon_0 B(0,\ 1))$。现在分两种情况:

(1) $x \in (S+\varepsilon_0 B(0,\ 1))\setminus(G(P)+\varepsilon_1 B(0,\ 1))$,

由定理条件知存在 $M>0$,使得对所有 $x \in (S+\varepsilon_0 B(0,\ 1))\setminus(G(P)+\varepsilon_1 B(0,\ 1))$,成立

$$|g_i(x)| \leqslant M,\ i=1,\ 2,\ \cdots,\ m$$

且

$$\begin{aligned} Q_{\lambda\mu}(x)-Q_{\lambda\mu}(x^*) &= f(x)-\frac{1}{\mu}\sum_{i=1}^{m}\ln(1-\lambda_i\mu g_j(x))- \\ &\quad f(x^*)+\frac{1}{\mu}\sum_{i=1}^{m}\ln(1-\lambda_i\mu g_j(x^*)) \\ &\geqslant \eta_{\varepsilon_1\varepsilon_0}-\frac{1}{\mu}\sum_{i=1}^{m}\ln(1-\lambda_i\mu g_j(x)) \\ &\geqslant \eta_{\varepsilon_1\varepsilon_0}-\frac{1}{\mu}\sum_{i=1}^{m}\ln(1+\lambda_i\mu M) \end{aligned} \tag{3.2.2}$$

或

$$\begin{aligned} Q_{\lambda\mu}(x)-Q_{\lambda\mu}(x^*) &= f(x)-\frac{1}{\mu}\sum_{i=1}^{m}\lambda_i\ln(1-\mu g_j(x))- \\ &\quad f(x^*)+\frac{1}{\mu}\sum_{i=1}^{m}\lambda_i\ln(1-\mu g_j(x^*)) \\ &\geqslant \eta_{\varepsilon_1\varepsilon_0}-\frac{1}{\mu}\sum_{i=1}^{m}\lambda_i\ln(1+\mu M) \end{aligned} \tag{3.2.3}$$

于是令 $\mu > 1+\lambda_i M$,从而 $\ln(1+\lambda_i\mu M) \leqslant \ln\mu(1+\lambda_i M)$,及

$$\ln\mu^2 \geqslant \ln(1+\lambda_i\mu M),$$

若

$$\eta_{\varepsilon_1\varepsilon_0} \geqslant \frac{1}{\mu}\sum_{i=1}^{m}\ln\mu^2 = \frac{2m}{\mu}\ln\mu \tag{3.2.4}$$

则 $\eta_{\varepsilon_1\varepsilon_0} - \frac{1}{\mu}\sum_{i=1}^{m}\ln(1+\lambda_i\mu M) \geqslant 0$,为此令 $\mu_1 = \ln\mu$,从而由(3.2.4)得 $e^{\mu_1} > \frac{2m\mu_1}{\eta_{\varepsilon_1\varepsilon_0}}$,显然 $e^{\frac{\mu_1}{2}} > \frac{\mu_1}{2}$,故若 $\frac{e^{\mu_1}}{\frac{\mu_1}{2}} > \frac{e^{\mu_1}}{e^{\frac{\mu_1}{2}}} = e^{\frac{\mu_1}{2}} > \frac{4m}{\eta_{\varepsilon_1\varepsilon_0}}$ 即 $\frac{\mu_1}{2} > \ln\frac{4m}{\eta_{\varepsilon_1\varepsilon_0}}$,由此得 $\mu_1 > \ln\left(\frac{4m}{\eta_{\varepsilon_1\varepsilon_0}}\right)^2$,又由 $\mu_1 = \ln\mu$,即得 $\mu > \left(\frac{4m}{\eta_{\varepsilon_1\varepsilon_0}}\right)^2$ 类似对(3.2.3) 令 $\mu > 1+M$, $\mu > \left(\frac{4m}{\eta_{\varepsilon_1\varepsilon_0}}\max_i\lambda_i\right)^2$ 时,可推得 $\eta_{\varepsilon_1\varepsilon_0} - \sum_{i=1}^{m}\lambda_i\ln(1+\mu M) > 0$,所以当 $\mu > 0$ 满足上述条件及 $\lambda_i \geqslant 0$, $i = 1, 2, \cdots, m$ 有限时,就有

$$Q_{\lambda\mu}(x^*) \leqslant Q_{\lambda\mu}(x)。$$

(2) $x \in X\backslash(S+\varepsilon_0 B(0,\ 1))$,存在 $i_1 \in \{1, \cdots, m\}$,使得 $g_{i_1}(x) \geqslant g_{i_0}(x_0) > 0$,于是当

$$\mu \geqslant \frac{1}{\lambda_{i_1} g_{i_0}(x_0)}$$

或

$$\mu \geqslant \frac{1}{g_{i_0}(x_0)},$$

我们有

$$1-\lambda_{i_1}\mu g_{i_1}(x) \leqslant 1-\lambda_{i_1}\mu g_{i_0}(x_0) \leqslant 0$$

或

$$1-\mu g_{i_1}(x) \leqslant 1-\mu g_{i_0}(x_0) \leqslant 0。$$

因此

$$Q_{\lambda\mu}(x) = +\infty$$

且

$$Q_{\lambda\mu}(x^*) < Q_{\lambda\mu}(x) = +\infty。$$

综合(1),(2)得

$$\text{若}\quad \mu \geqslant \max\left(\frac{1}{\lambda_i g_{i_0}(x_0)},\ \left(\frac{4m}{\eta_{\varepsilon_1\varepsilon_0}}\right)^2,\ \max_i(1+\lambda_i M)\right)$$

$$\text{或}\quad \mu \geqslant \max\left[\frac{1}{g_{i_0}(x_0)},\ \left[\frac{4m\max\limits_i \lambda_i}{\eta_{\varepsilon_1\varepsilon_0}}\right]^2,\ 1+M\right]$$

$\lambda_i > 0,\ i = 1,\ 2,\ \cdots,\ m$ 为有限,则

$$Q_{\lambda\mu}(x^*) \leqslant Q_{\lambda\mu}(x),\ \forall x \in X\backslash(G(P) + \varepsilon_1 B(0,\ 1))$$

上述结果意味着对 $x^* \in G(P)$,存在 $x^*_{\lambda\mu} \in G(Q_{\lambda\mu})$ 使得

$$\| x^*_{\lambda\mu} - x^* \| < \varepsilon_1。$$

注 若 $x^* \in L(P) \subset \text{int}\, X$,且存在 $\varepsilon > 0$,使得

$$x^* + \varepsilon B(0,\ 1) \subset \text{int}\, X,\ f(x^*) \leqslant f(x),\ \forall x \in x^* + \varepsilon B(0,\ 1)。$$

记

$$x^* + \varepsilon \overline{B}(0,\ 1) = X_1 \subset X,$$

其中

$$\overline{B}(0,\ 1) = \{x \in R^n \mid \| x \| \leqslant 1\}。$$

用 $\overline{X}$ 替代 X 则定理 3.2.1 也成立。

引理 3.2.1 设 P,Q 是两对称矩阵,假定 Q 是半正定的,P 在 Q 的核空间上是正定的,则存在数 $\bar{c} > 0$,使得对所有 $c > \bar{c}$,$P + cQ$ 是正定的。(参[72])

定理 3.2.2 若 $x^* \in L(P)$,其一阶最优性条件和二阶充分最优

性条件在 x^* 成立，且 KKT 乘子

$$\lambda_i^* \geqslant 0,\ i=1,\ 2,\ \cdots,\ m,$$

严格互补，则令 $\lambda_i = \lambda_i^*$，$i=1,\ 2,\ \cdots,\ m$
且当 $\mu > 0$ 充分大时，就有

$$x^* \in L(Q_{\lambda^*\mu})。$$

证明 因为 $\lambda_i^* \geqslant 0,\ i=1,\ \cdots,\ m$ 满足严格互补条件，故当 $i \in I(x^*)$ 时，$\lambda_i^* = 0$，$i \in I(x^*)$ 时，$\lambda_i^* > 0$ 从而

$$\begin{aligned}\nabla Q_{\lambda^*\mu}(x^*) &= \nabla f(x^*) + \frac{1}{\mu}\sum_{i=1}^{m}\frac{\lambda_i^*\mu}{1-\lambda_i^*\mu g_i(x^*)}\nabla g_i(x^*)\\ &= \nabla f(x^*) + \sum_{i\in I(x^*)}\lambda_i^*\nabla g_i(x^*)\\ &= 0\end{aligned}$$

或

$$\begin{aligned}\nabla Q_{\lambda^*\mu}(x^*) &= \nabla f(x^*) + \frac{1}{\mu}\sum_{i=1}^{m}\lambda_i^*\frac{\mu}{1-\lambda_i^*\mu g_i(x^*)}\nabla g_i(x^*)\\ &= \nabla f(x^*) + \sum_{i\in I(x^*)}\lambda_i^*\nabla g_i(x^*)\\ &= 0\end{aligned}$$

且

$$\begin{aligned}\nabla^2 Q_{\lambda^*\mu}(x^*) &= \nabla^2 f(x^*) + \sum_{i=1}^{m}\Big(\frac{\lambda_i^*}{1-\lambda_i^*\mu g_i(x^*)}\nabla^2 g_i(x^*) +\\ &\qquad \frac{\lambda_i^{*2}\mu}{1-\lambda_i^*\mu g_i(x^*)^2}\nabla g_i(x^*)\nabla^T g_i(x^*)\Big)\\ &= \nabla^2 f(x^*) + \sum_{i\in I(x^*)}(\lambda_i^*\nabla^2 g_i(x^*) +\end{aligned}$$

$$\lambda_i^{*2}\mu\nabla g_i(x^*)\nabla^T g_i(x^*))$$

或

$$\nabla^2 Q_{\lambda^*\mu}(x^*)=\nabla^2 f(x^*)+\sum_{i\in I(x^*)}(\lambda_i^*\nabla^2 g_i(x^*)+$$

$$\lambda_i^*\mu\nabla g_i(x^*)\nabla^T g_i(x^*))。$$

根据引理 3.2.1 当 $\mu>0$ 充分大时，$\nabla^2 Q_{\lambda^*\mu}(x^*)$ 是正定的，于是

$$x^*\in L(Q_{\lambda^*\mu})。$$

定理 3.2.3 若 $x^*\in L(P)$，KKT乘子 $\lambda_i^*\geqslant 0,\ i=1,\ 2,\ \cdots,\ m$ 在 x^* 处严格互补，

$$\| I(x^*)\| = n,\ i\in I(x^*)$$

线性独立，且二阶充分最优性条件在 x^* 处成立，则当 $\mu>0$ 充分大时，$\lambda_i>0,\ i=1,\ \cdots,\ m$ 有限，且

$$\lambda_i=\lambda_i^*+\Delta\lambda_i,\ i\in I(x^*),$$

$$\Delta\lambda_i=-\sum_{j\in I\backslash I(x^*)}\alpha_{ij}\lambda_j/(1-\lambda_j^*\mu g_j(x^*))$$

或

$$\Delta\lambda_i=-\sum_{j\in I\backslash I(x^*)}\alpha_{ij}\lambda_j/(1-\mu g_j(x^*))$$

我们有

$$\nabla Q_{\lambda\mu}(x^*)=0$$

且 $\nabla^2 Q_{\lambda\mu}(x^*)$ 是正定的，
即

$$x^*\in L(Q_{\lambda\mu})。$$

证明 由于

$$\nabla Q_{\lambda\mu}(x^*) = \nabla f(x^*) + \sum_{i\in I(x^*)} \lambda_i \nabla g_i(x^*) + \sum_{i\in I\setminus I(x^*)} \frac{\lambda_i}{1-\lambda_i \mu g_i(x^*)} \nabla g_i(x^*)$$

或

$$\nabla Q_{\lambda\mu}(x^*) = \nabla f(x^*) + \sum_{i\in I(x^*)} \lambda_i \nabla g_i(x^*) + \sum_{i\in I\setminus I(x^*)} \frac{\lambda_i}{1-\mu g_i(x^*)} \nabla g_i(x^*)。$$

根据 $\mu > 0$ 充分大，且 $g_i(x^*) < 0,\ i \in I\setminus I(x^*)$，

得

$$\frac{\lambda_i}{1-\lambda_i \mu g_i(x^*)} \doteq 0$$

或

$$\frac{\lambda_i}{1-\mu g_i(x^*)} \doteq 0,\ i \in I\setminus I(x^*)。$$

而且，$\lambda_i = \lambda_i^* + \Delta\lambda_i,\ i \in I(x^*)$，这样

$$\nabla Q_{\lambda\mu}(x^*) = \nabla f(x^*) + \sum_{i\in I(x^*)} \lambda_i^* \nabla g_i(x^*) + \sum_{i\in I(x^*)} \Delta\lambda_i \nabla g_i(x^*) + \sum_{i\in I\setminus I(x^*)} \frac{\lambda_i}{1-\lambda_i \mu g_i(x^*)} \nabla g_i(x^*)$$

$$= \sum_{i\in I(x^*)} \Delta\lambda_i \nabla g_i(x^*) + \sum_{i\in I\setminus I(x^*)} \frac{\lambda_i}{1-\lambda_i \mu g_i(x^*)} \nabla g_i(x^*)$$

或

$$\nabla Q_{\lambda\mu}(x^*) = \sum_{i\in I(x^*)} \Delta\lambda_i \nabla g_i(x^*) + \sum_{i\in I\setminus I(x^*)} \frac{\lambda_i}{1-\lambda_i \mu g_i(x^*)} \nabla g_i(x^*)$$

其中由 KKT 条件,成立

$$\nabla f(x^*) + \sum_{i\in I(x^*)} \lambda_i^* \nabla g_i(x^*) = 0。$$

进一步,$\nabla g_i(x^*)$, $i\in I(x^*)$线性独立,且 $\| I(x^*) \| = n$,这样对$\nabla g_i(x^*)$, $i \in I\setminus I(x^*)$,存在 α_{ji}, $j \in I(x^*)$,使得

$$\nabla g_i(x^*) = \sum_{j\in I(x^*)} \alpha_{ji} \nabla g_j(x^*),$$

且有

$$\begin{aligned}\nabla Q_{\lambda\mu}(x^*) &= \sum_{i\in I(x^*)} \Delta\lambda_i \nabla g_i(x^*) + \sum_{i\in I\setminus I(x^*)} \frac{\lambda_i}{1-\lambda_i \mu g_i(x^*)} \nabla g_i(x^*) \\ &= \sum_{i\in I(x^*)} \Delta\lambda_i \nabla g_i(x^*) + \\ &\quad \sum_{i\in I\setminus I(x^*)} \frac{\lambda_i}{1-\lambda_i \mu g_i(x^*)} \sum_{j\in I(x^*)} \alpha_{ji} \nabla g_j(x^*) \\ &= \sum_{i\in I(x^*)} \left(\Delta\lambda_i + \sum_{j\in I\setminus I(x^*)} \frac{\alpha_{ij}\lambda_j}{1-\lambda_j \mu g_j(x^*)}\right) \nabla g_i(x^*)\end{aligned}$$

或

$$\nabla Q_{\lambda\mu}(x^*) = \sum_{i\in I(x^*)} \left(\Delta\lambda_i + \sum_{j\in I\setminus I(x^*)} \frac{\alpha_{ij}\lambda_j}{1-\mu g_j(x^*)}\right) \nabla g_i(x^*),$$

令

$$\Delta\lambda_i = -\sum_{j\in I\setminus I(x^*)} \frac{\alpha_{ij}\lambda_j}{1-\lambda_j \mu g_j(x^*)}$$

或

$$\Delta\lambda_i = -\sum_{j\in I\setminus I(x^*)} \frac{\alpha_{ij}\lambda_j}{1-\mu g_j(x^*)},\ i\in I(x^*)$$

则

$$\nabla Q_{\lambda\mu}(x^*) = 0。$$

显然，当 $\mu > 0$ 充分大时，$\lambda_i > 0,\ i = 1,\ \cdots,\ m$ 有限，则 $\Delta\lambda_i > 0$ 充分小，对 $i \in I(x^*)$。进而，

$$\nabla^2 Q_{\lambda\mu}(x^*) = \nabla^2 f(x^*) + \sum_{i=1}^{m} \frac{\lambda_i}{1-\lambda_i \mu g_i(x^*)} \nabla^2 g_i(x^*) +$$

$$\sum_{i=1}^{m} \frac{\lambda_i^2 \mu}{(1-\lambda_i \mu g_i(x^*))^2} \nabla g_i(x^*) \nabla^T g_i(x^*)$$

$$= \nabla^2 f(x^2) + \sum_{i\in I(x^*)} \lambda_2^* \nabla^2 g_i(x^*) +$$

$$\sum_{i\in I(x^*)} \Delta\lambda_i \nabla^2 g_i(x^*) + \sum_{i\in I\setminus I(x^*)} \frac{\lambda_i}{1-\lambda_i \mu g_i(x^*)}$$

$$\nabla^2 g_i(x^*) + \sum_{i\in I(x^*)} \mu\lambda_i^* \nabla g_i(x^*) \nabla^T g_i(x^*) +$$

$$\sum_{i\in I\setminus I(x^*)} \frac{\mu\lambda_i^2}{(1-\lambda_i \mu g_i(x^*))^2} \nabla g_i(x^*) \nabla^T g_i(x^*)$$

或

$$\nabla^2 Q_{\lambda\mu}(x^*) = \nabla^2 f(x^*) + \sum_{i\in I(x^*)} \lambda_i^* \nabla^2 g_i(x^*) +$$

$$\sum_{i\in I(x^*)} \Delta\lambda_i^* \nabla^2 g_i(x^*) +$$

$$\sum_{i\in I\setminus I(x^*)}\frac{\lambda_i}{1-\mu g_i(x^*)}\nabla^2 g_i(x^*)+$$

$$\sum_{i\in I(x^*)}\mu\lambda_i\nabla g_i(x^*)\nabla^T g_i(x^*)+$$

$$\sum_{i\in I\setminus I(x^*)}\frac{\mu\lambda_i}{(1-\mu g_i(x^*))^2}\nabla g_i(x^*)\nabla^T g_i(x^*),$$

其中

$$\Delta\lambda_i=-\sum_{j\in I\setminus I(x^*)}\frac{\alpha_{ij}\lambda_j}{1-\lambda_j\mu g_i(x^*)}$$

或

$$\Delta\lambda_i=-\sum_{j\in I\setminus I(x^*)}\frac{\alpha_{ij}\lambda_j}{1-\mu g_j(x^*)},\ i\in I(x^*)。$$

记

$$D=\{d\mid \|d\|=1,\ \nabla^T g_i(x^*)d=0,\ i\in I(x^*)\},$$

分别讨论以下两种情况：

(i) 对 $d\in D$,我们有

$$d^T\big(\nabla^2 f(x^*)+\sum_{i\in I(x^*)}\lambda_i^*\ \nabla^2 g_i(x^*)\big)d>0$$

且当 $\mu>0$ 充分大，$\lambda_i>0$, $i=1,\cdots,m$ 有限，$\Delta\lambda_i\doteq 0$，对 $i\in I(x^*)$，

$$0<\frac{\lambda_i}{1-\lambda_i\mu g_i(x^*)}\doteq 0$$

或

$$0<\frac{\lambda_i}{1-\mu g_i(x^*)}\doteq 0,对\ i\in I\setminus I(x^*)。$$

于是有：

$$d^T\nabla^2 Q_{\lambda\mu}(x^*)d = d^T(\nabla^2 f(x^*) + \sum_{i\in I(x^*)} \lambda_i^* \nabla^2 g_i(x^*))d + \sum_{i\in I(x^*)} \Delta\lambda_i d^T\nabla^2 g_i(x^*)d + \sum_{i\in I\setminus I(x^*)} \frac{\lambda_i}{1-\lambda_i \mu g_i(x^*)} d^T\nabla^2 g_i(x^*)d > 0$$

或

$$d^T\nabla^2 Q_{\lambda\mu}(x^*)d = d^T(\nabla^2 f(x^*) + \sum_{i\in I(x^*)} \lambda_i^* \nabla^2 g_i(x^*))d + \sum_{i\in I(x^*)} \Delta\lambda_i d^T\nabla^2 g_i(x^*)d + \sum_{i\in I\setminus I(x^*)} \frac{\lambda_i}{1-\mu g_i(x^*)} d^T\nabla^2 g_i(x^*)d > 0。$$

(ii) 对 $d \in D$,根据引理 3.2.1,当 $\mu > 0$ 充分大,$\lambda_i > 0$, $i = 1, \cdots, m$ 有限,我们有:

$$d^T(\nabla^2 f(x^*) + \sum_{i\in I(x^*)} \lambda_i^* \nabla^2 g_i(x^*) + \sum_{i\in I(x^*)} \mu\lambda_i^2 \nabla^2 g_i(x^*) + \sum_{i\in I\setminus I(x^*)} \frac{\mu\lambda_i^2}{(1-\lambda_i \mu g_i(x^*))^2} \nabla g_i(x^*) \nabla^T g_i(x^*))d > 0$$

或

$$d^T(\nabla^2 f(x^*) + \sum_{i\in I(x^*)} \lambda_i^* \nabla^2 g_i(x^*) + \sum_{i\in I(x^*)} \mu\lambda_i \nabla g_i(x^*) \nabla^T g_i(x^*) + \sum_{i\in I\setminus I(x^*)} \frac{\mu\lambda_i}{(1-\mu g_i(x^*))^2} \nabla g_i(x^*) \nabla^T g_i(x^*))d > 0$$

而且 $\Delta\lambda_i \doteq 0$,对 $i \in I(x^*)$, $0 < \frac{\lambda_i}{1-\lambda_i \mu g_i(x^*)} \doteq 0$

或

$$0<\frac{\lambda_i}{1-\mu g_i(x^*)}\doteq 0, \text{对 } i\in I\backslash I(x^*),$$

于是有:

$$d^T\nabla^2 Q_{\lambda\mu}(x^*)d>0。$$

因此,综合(i)、(ii),定理结论成立。

注 根据定理3.2.1,定理3.2.2,定理3.2.3

当$\mu>0$且$\lambda_i\geqslant 0,\ i=1,\cdots,m$满足以上定理的条件,则

$$x^*\in L(Q_{\lambda\mu})。$$

3.3 KKT乘子的近似估计

定理3.3.1 若定理3.2.1条件成立,且

$$x^*_{\lambda\mu}\in L(Q_{\lambda\mu})\cap \operatorname{int}X,\ x^*\in L(P),\ \nabla g_i(x^*),\ i\in I(x^*)$$

线性独立,则有:

$$\nabla f(x^*_{\lambda\mu})+\sum_{i\in I(x^*)=I(x^*_{\lambda\mu})}\frac{\lambda_i}{1-\lambda_i\mu g_i(x^*_{\lambda\mu})}\nabla g_i(x^*_{\lambda\mu})$$

$$\doteq\nabla f(x^*)+\sum_{i\in I(x^*)=I(x^*_{\lambda\mu})}\frac{\lambda_i}{1-\lambda_i\mu g_i(x^*_{\lambda\mu})}\nabla g_i(x^*)$$

$$\doteq 0$$

或

$$\nabla f(x^*_{\lambda\mu})+\sum_{i\in I(x^*)=I(x^*_{\lambda\mu})}\frac{\lambda_i}{1-\mu g_i(x^*_{\lambda\mu})}\nabla g_i(x^*_{\lambda\mu})$$

$$\doteq\nabla f(x^*)+\sum_{i\in I(x^*)=I(x^*_{\lambda\mu})}\frac{\lambda_i}{1-\mu g_i(x^*)}\nabla g_i(x^*)$$

$$\doteq 0$$

且

$$\frac{\lambda_i}{1-\lambda_i \mu g_i(x_{\lambda\mu}^*)} \doteq \lambda_i^* = 0$$

或

$$\frac{\lambda_i}{1-\mu g_i(x_{\lambda\mu}^*)} \doteq \lambda_i^*\text{，对 } i \in I(x^*) \doteq I(x_{\lambda\mu}^*),$$

$$\frac{\lambda_i}{1-\lambda_i \mu g_i(x_{\lambda\mu}^*)} \doteq \lambda_i^* = 0$$

或

$$\frac{\lambda_i}{1-\mu g_i(x_{\lambda\mu}^*)} \doteq \lambda_i^* = 0\text{，对 } i \in I\backslash I(x^*) \doteq I\backslash I(x_{\lambda\mu}^*),$$

其中

$$I(x_{\lambda\mu}^*) = \{i \mid g_i(x_{\lambda\mu}^*) \doteq 0,\ i = 1, \cdots, m\}\text{。}$$

证明 根据定理3.2.1，得

$$f(x_{\lambda\mu}^*) \doteq f(x^*),\ \nabla f(x_{\lambda\mu}^*) \doteq \nabla f(x^*),$$

$$g_i(x_{\lambda\mu}^*) \doteq g_i(x^*) = 0,\ i \in I(x^*) \doteq I(x_{\lambda\mu}^*),$$

$$g_i(x_{\lambda\mu}^*) \doteq g_i(x^*) < 0,\ i \in I\backslash I(x^*) \doteq I\backslash I(x_{\lambda\mu}^*),$$

$$\nabla g_i(x_{\lambda\mu}^*) \doteq \nabla g_i(x^*),\ i = 1, \cdots, m \tag{3.3.1}$$

又由

$$x_{\lambda\mu}^* \in L(Q_{\lambda\mu}) \cap \operatorname{int} X,$$

所以

$$\nabla Q_{\lambda\mu}(x_{\lambda\mu}^*) = 0,$$

即

$$\nabla f(x_{\lambda\mu}^*) + \sum_{i=1}^{m} \frac{\lambda_i}{1-\lambda_i \mu g_i(x_{\lambda\mu}^*)} \nabla g_i(x_{\lambda\mu}^*)$$

$$= \nabla f(x_{\lambda\mu}^*) + \sum_{i \in I(x^*)=I(x_{\lambda\mu}^*)} \frac{\lambda_i}{1-\lambda_i \mu g_i(x_{\lambda\mu}^*)} \nabla g_i(x_{\lambda\mu}^*) +$$

$$\sum_{i \overline{\in} I(x^*)=I(x_{\lambda\mu}^*)} \frac{\lambda_i}{1-\lambda_i \mu g_i(x_{\lambda\mu}^*)} \nabla g_i(x_{\lambda\mu}^*)$$

$$= 0$$

或

$$\nabla f(x_{\lambda\mu}^*) + \sum_{i=1}^{m} \frac{\lambda_i}{1-\mu g_i(x_{\lambda\mu}^*)} \nabla g_i(x_{\lambda\mu}^*)$$

$$= \nabla f(x_{\lambda\mu}^*) + \sum_{i \in I(x^*)=I(x_{\lambda\mu}^*)} \frac{\lambda_i}{1-\mu g_i(x_{\lambda\mu}^*)} \nabla g_i(x_{\lambda\mu}^*) +$$

$$\sum_{i \overline{\in} I(x^*)=I(x_{\lambda\mu}^*)} \frac{\lambda_i}{1-\mu g_i(x_{\lambda\mu}^*)} \nabla g_i(x_{\lambda\mu}^*)$$

$$= 0 \qquad (3.3.2)$$

当$\mu > 0$充分大，$\lambda_i > 0$, $i = 1, \cdots, m$有限，我们有

$$0 < \frac{\lambda_i}{1-\lambda_i \mu g_i(x_{\lambda\mu}^*)} \doteq 0$$

或 $$0 < \frac{\lambda_i}{1-\mu g_i(x_{\lambda\mu}^*)} \doteq 0, \text{对 } i \overline{\in} I(x^*) \doteq I(x_{\lambda\mu}^*)$$

并且，由 KKT 条件，成立

$$\nabla f(x^*) + \sum_{i \in I(x^*)} \lambda_i^* \nabla g_i(x^*) = 0 \qquad (3.3.3)$$

按(3.3.1)、(3.3.2)、(3.3.3)得

$$\nabla f(x_{\lambda\mu}^*)+\sum_{i\in I(x^*)=I(x_{\lambda\mu}^*)}\frac{\lambda_i}{1-\lambda_i\mu g_i(x_{\lambda\mu}^*)}\nabla g_i(x_{\lambda\mu}^*)$$

$$\doteq\nabla f(x^*)+\sum_{i\in I(x^*)=I(x_{\lambda\mu}^*)}\frac{\lambda_i}{1-\lambda_i\mu g_i(x_{\lambda\mu}^*)}\nabla g_i(x^*)$$

$$\doteq 0$$

或

$$\nabla f(x_{\lambda\mu}^*)+\sum_{i\in I(x^*)=I(x_{\lambda\mu}^*)}\frac{\lambda_i}{1-\mu g_i(x_{\lambda\mu}^*)}\nabla g_i(x_{\lambda\mu}^*)$$

$$\doteq\nabla f(x^*)+\sum_{i\in I(x^*)=I(x_{\lambda\mu}^*)}\frac{\lambda_i}{1-\mu g_i(x_{\lambda\mu}^*)}\nabla g_i(x^*)$$

$$\doteq 0,$$

且

$$\frac{\lambda_0}{1-\lambda_i\mu g_i(x_{\lambda\mu}^*)}\doteq\lambda_i^*$$

或

$$\frac{\lambda_0}{1-\mu g_i(x_{\lambda\mu}^*)}\doteq\lambda_i^*,\ i=1,\cdots,m。$$

令 $\hat{\lambda}_i=\dfrac{\lambda_i}{1-\lambda_i\mu g_i(x_{\lambda\mu}^*)}$ 或 $\hat{\lambda}_i=\dfrac{\lambda_i}{1-\mu g_i(x_{\lambda\mu}^*)}$。

下面,我们将讨论差 $\hat{\lambda}_i-\lambda_i^*$, $i=1,\cdots,m$ 的估计:

定理 3.3.2 若当 $\mu>0$ 充分大,$\lambda_i>0$, $i=1,\cdots,m$ 有限,

$$x^*\in L(P),\ x_{\lambda\mu}^*\in L(Q_{\lambda\mu}),$$

$\nabla g_i(x^*)$, $i\in I(x^*)$ 线性独立,且 $\| I(x^*)\|=n$,

则有

(1) $0<|\hat{\lambda}_i-\lambda_i^*|=\hat{\lambda}_i\leqslant\frac{c}{\mu},\ c>0,\ i\in I\backslash I(x^*)$；

(2) (i)

$$0<|\hat{\lambda}_i-\lambda_i^*|\leqslant\frac{c_1}{\mu},\ c_1>0,$$

$$|g_i(x_{\lambda\mu}^*)-g_i(x^*)|=g_i(x_{\lambda\mu}^*)\leqslant\frac{c_1(\mu)}{\mu},\ i\in I(x^*),$$

其中

$$c_1(\mu)\rightarrow 0\ (\mu\rightarrow+\infty)$$

(ii) 若

$$|g_i(x_{\lambda\mu}^*)|\leqslant\frac{c_1}{\mu^2},\ c_1>0,$$

则

$$|\hat{\lambda}_i-\lambda_i^*|\leqslant\frac{c_2}{\mu^2},\ c_2>0,\ i\in I(x^*)。$$

证明 (1) 对 $i\in I\backslash I(x^*)$，成立

$$\lambda_i\lambda_i^*=0,\ g_i(x_{\lambda\mu}^*)\doteq g_i(x^*)<0,$$

由定理3.3.1得

$$0<\hat{\lambda}_i=\frac{\lambda_i}{1-\lambda_i\mu g_i(x_{\lambda\mu}^*)}\rightarrow 0=\lambda_i^*,\ (\mu\rightarrow+\infty)$$

或

$$0<\hat{\lambda}_i=\frac{\lambda_i}{1-\mu g_i(x_{\lambda\mu}^*)}\rightarrow 0=\lambda_i^*,\ (\mu\rightarrow+\infty)$$

这样

$$0<|\hat{\lambda}_i-\lambda_i^*|=\hat{\lambda}_i=\frac{\lambda_i}{1-\lambda_i\mu g_i(x_{\lambda\mu}^*)}$$

$$\leqslant \frac{\lambda_i}{-\lambda_i \mu g_i(x_{\lambda\mu}^*)} = \frac{1}{\mu(-g_i(x_{\lambda\mu}^*))} \leqslant \frac{c}{\mu},$$

其中

$$0 < \frac{1}{(-g_i(x_{\lambda\mu}^*))} \leqslant c$$

或

$$0 < |\hat{\lambda}_i - \lambda_i^*| = \hat{\lambda}_i = \frac{\lambda_i}{1 - \mu g_i(x_{\lambda\mu}^*)} \leqslant \frac{\lambda_i}{-\mu g_i(x_{\lambda\mu}^*)} \leqslant \frac{c}{\mu},$$

其中

$$0 < \frac{\lambda_i}{(-g_i(x_{\lambda\mu}^*))} \leqslant c。$$

(2) 对 $i \in I(x^*)$,这时

$$\lambda_i^* > 0,\ g_i(x_{\lambda\mu}^*) \doteq 0 = g_i(x^*)。$$

(i) 由于

$$\hat{\lambda}_i = \frac{\lambda_i}{1 - \lambda_i \mu g_i(x_{\lambda\mu}^*)} \to \lambda_i^* > 0\ (\mu \to +\infty)$$

或

$$\hat{\lambda}_i = \frac{\lambda_i}{1 - \mu g_i(x_{\lambda\mu}^*)} \to \lambda_i^* > 0\ (\mu \to +\infty)$$

而且,以 $\| I(x^*) \| = n$, $\nabla g_i(x^*)$, $i \in I(x^*)$,线性独立,我们有

$$\lambda_i = \lambda_i^* + \Delta\lambda_i$$

其中

$$\Delta\lambda_i = -\sum_{j \in I \setminus I(x^*)} \frac{\alpha_{ij}\lambda_j}{1 - \lambda_j \mu g_j(x_{\lambda\mu}^*)},$$

$$|\Delta\lambda_i| \leqslant \sum_{j\in I\backslash I(x^*)} \frac{|\alpha_{ij}|\lambda_j}{1-\lambda_j\mu g_j(x^*_{\lambda\mu})} \leqslant \sum_{j\in I\backslash I(x^*)} \frac{|\alpha_{ij}|\lambda_j}{-\lambda_j\mu g_j(x^*_{\lambda\mu})} \leqslant \frac{c_1}{\mu},$$

且

$$0 < \sum_{j\in I\backslash I(x^*)} \frac{|\alpha_{ij}|}{-g_j(x^*)} \leqslant c_1,$$

即

$$|\lambda_i - \lambda_i^*| \leqslant \frac{c_1}{\mu},$$

此外，由

$$\hat{\lambda}_i = \frac{\lambda_i}{1-\lambda_i\mu g_j(x^*_{\lambda\mu})} \to \lambda_i^*,$$

$$\lambda_i = \lambda_i^* + \Delta\lambda_i^* \to \lambda_i^* > 0,$$

得：

$$1-\lambda_i\mu g_j(x^*_{\lambda\mu}) \to 1,$$

由此可得

$$\mu g_i(x^*_{\lambda\mu}) \to 0 \ (\mu \to +\infty)$$

即 $|g_i(x_{\lambda\mu})^*| \leqslant \frac{c_1(\mu)}{\mu}$, $0 < c_1(\mu) \to 0(\mu \to +\infty)$

(ii) 若

$$|g_i(x_{\lambda\mu})^*| \leqslant \frac{c_1}{\mu^2}, \ 0 < c_1,$$

则由(i)得

$$\begin{aligned} |\hat{\lambda}_i - \lambda_i^*| &= |\hat{\lambda}_i - \lambda_i + \lambda_i - \lambda_i^*| \\ &\leqslant |\hat{\lambda}_i - \lambda_i| + |\lambda_i - \lambda_i^*| \end{aligned}$$

$$\leqslant \left|\frac{\lambda_i}{1-\lambda_i \mu g_i(x_{\lambda\mu}^*)}-\lambda_i\right|+\frac{c_1}{\mu}$$

$$=\left|\frac{\lambda_i^2 \mu g_i(x_{\lambda\mu}^*)}{1-\lambda_i \mu g_i(x_{\lambda\mu}^*)}\right|+\frac{c_1}{\mu}$$

$$\leqslant \frac{c_1'}{\mu}+\frac{c_1}{\mu}=\frac{c_2}{\mu},\ 0<c_1'+c_1=c_2$$

对

$$\hat{\lambda}_i=\frac{\lambda_i}{1-\mu g_i(x_{\lambda\mu}^*)}\text{ 情况,}$$

证明类似。

3.4 对偶定理

定理 3.4.1

$$\min_{x\in X}\max_{\lambda_i\geqslant 0} Q_{\lambda\mu}(x)=\min_{x\in S}\max_{\lambda_i\geqslant 0} Q_{\lambda\mu}(x)=\min_{i\in S} f(x)$$

证明 (1) 若 $x\in X\backslash S$,则存在 $i_1\in\{1,\ \cdots,\ m\}$ 使得 $g_{i_1}(x)>0$。

(i) 对 $1-\lambda_{i_1}\mu g_{i_1}(x^*)$,

设 $\lambda_{i_1}>0$,成立

$$1-\lambda_{i_1}\mu g_{i_1}(x^*)\leqslant 0$$

且

$$-\max_{\lambda_{i_1}\geqslant 0}\ln(1-\lambda_{i_1}\mu g_{i_1}(x^*))=+\infty,\text{故}\max_{\lambda_{i_1}\geqslant 0} Q_{\lambda\mu}(x^*)=+\infty$$

(ii) 对 $1-\mu g_{i_1}(x)$,令 $\mu>0$ 使成立

$$1-\mu g_{i_1}(x)<1,\ \ln(1-\mu g_{i_1}(x^*))<0,$$

这样 $\max\limits_{\lambda_{i_1}>0}\{-\ln(1-\mu g_{i_1}(x^*))\}=+\infty$，且 $\max\limits_{\lambda_{i_1}\geqslant 0} Q_{\lambda\mu}(x)=+\infty$

(2) 若 $x\in S$ 则对所有的

$$i=1,\cdots,m,\ g_i(x)\leqslant 0,$$

且 $1-\lambda_i\mu g_i(x)\geqslant 1$，

$$-\ln(1-\lambda_i\mu g_i(x))\leqslant 0,$$

令

$$\lambda_i=0,-\ln(1-\lambda_i\mu g_{i_1}(x))=0,$$

于是

$$\max_{\lambda_i\geqslant 0} Q_{\lambda\mu}(x)=f(x)$$

或

$$1-\mu g_i(x)\geqslant 1,-\ln(1-\mu g_i(x))\leqslant 0,$$

令

$$\lambda_i=0,-\lambda_i\ln(1-\mu g_i(x))=0,$$

于是

$$\max_{\lambda_i\geqslant 0} Q_{\lambda\mu}(x)=f(x)$$

按(1)、(2)，我们有

$$\min_{x\in X}\max_{\lambda_i\geqslant 0} Q_{\lambda\mu}(x)=\min_{x\in S}\max_{\lambda_i\geqslant 0} Q_{\lambda\mu}(x)=\min_{x\in S} f(x)。$$

显然，下面弱对偶定理成立。

定理 3.4.2

$$\max_{\lambda_i\geqslant 0}\min_{x\in X} Q_{\lambda\mu}(x)\leqslant\min_{x\in X}\max_{\lambda_i\geqslant 0} Q_{\lambda\mu}(x)。$$

现在，我们证明强对偶定理。

定理 3.4.3 若 $x^* \in G(P)$ 是问题 (P) 的 KKT 点，$\mu > 0$ 充分大，则强对偶定理成立，
即

$$\max_{\lambda_i \geqslant 0} \min_{x \in X} Q_{\lambda\mu}(x) = \min_{x \in X} \max_{\lambda_i \geqslant 0} Q_{\lambda\mu}(x) = \min_{i \in S} f(x) = f(x^*)$$

证明 根据定理 3.2.2，存在 $\lambda_i^0 \geqslant 0,\ i = 1, \cdots, m$，使得

$$Q_{\lambda^0\mu}(x^*) = \min_{x \in X} Q_{\lambda^0\mu}(x) = \min_{x \in S} f(x) = \min_{x \in X} \max_{\lambda_i \geqslant 0} Q_{\lambda\mu}(x)$$

此外，从定理 3.4.2，我们有

$$Q_{\lambda^0\mu}(x^*) = \min_{x \in X} Q_{\lambda^0\mu}(x) \leqslant \max_{\lambda_i \geqslant 0} \min_{x \in X} Q_{\lambda\mu}(x)$$

$$\leqslant \min_{x \in X} \max_{\lambda_i \geqslant 0} Q_{\lambda\mu}(x) = \min_{x \in S} f(x)$$

所以我们得到

$$\max_{\lambda_i \geqslant 0} \min_{x \in X} Q_{\lambda\mu}(x) = \min_{x \in X} \max_{\lambda_i \geqslant 0} Q_{\lambda\mu}(x)$$

事实上，上述结论对 $f(x),\ g(x),\ i = 1, \cdots, m$ 为凸函数时，第二种所有结论当然成立。

3.5 算法及数值试验

本节给出了一个通过解对数型乘子精确罚函数问题(3.1.2)而得到原问题(3.1.1)的解的简单算法，然后通过几个数值试验说明算法的有效性。

算法：

步 0. 给定初试 $\mu > 0$ 充分大(如 100)，$\lambda_i > 0,\ i = 1, \cdots, m$ 有限(如 $\lambda_i = 1$)$\varepsilon > 0$。

步 1. 作出

$$Q(x, \lambda, \mu) = f(x) - \frac{1}{\mu} \sum_{i=1}^{m} \ln(1 - \lambda_i \mu g_i(x))$$

或

$$Q(x, \lambda, \mu) = f(x) - \frac{1}{\mu} \sum_{i=1}^{m} \lambda_i \ln(1 - \mu g_i(x))$$

给定初试点 $x_0 \in X$。

步 2. 用任一局部极小化方法,从 $x_0 \in X$ 求出局部极小点 $x^*_{\lambda\mu}$,若

$$\| \nabla Q(x^*_{\lambda\mu}, \lambda, \mu) \| \leqslant \varepsilon,$$

结束,否则,转下一步。

步 3. 计算

$$\hat{\lambda}_i = \frac{\lambda_i}{1 - \lambda_i \mu g_i(x^*_{\lambda\mu})} \text{ 或 } \hat{\lambda}_i = \frac{\lambda_i}{1 - \mu g_i(x^*_{\lambda\mu})},\ \hat{\lambda}_i,\ i = 1, \cdots, m,$$

$\mu = \rho\mu$, $\rho > 1$(如 $\rho = 5, 10$)

$$\lambda_i := \hat{\lambda}_i,\ x_0 := x^*_{\lambda\mu}$$

转步 2。

例 3.5.1

$$\begin{aligned}
\min \quad & f(x) = (x_1 - 3)^2 + (x_2 - 2)^2 \\
\text{s.t.} \quad & x_1^2 + x_2^2 \leqslant 5 \\
& x_1 + x_2 \leqslant 3 \\
& x_1, x_2 \geqslant 0 \\
& g_1(x) = x_1^2 + x_2^2 - 5 \\
& g_2(x) = x_1 + x_2 - 3 \\
& X = \{(x_1, x_2) \mid 0 \leqslant x_i \leqslant 4;\ i = 1, 2\},\ x \in X
\end{aligned}$$

初始点 $x_0 = (1, 0.5)^T$,

$$Q(x, \lambda, \mu) = f(x) - \frac{1}{\mu} \sum_{i=1}^{2} \ln(1 - \lambda_i \mu g_i(x))$$

$$= f(x) - \frac{1}{\mu} \ln(1 - \lambda_1 \mu (x_1^2 + x_2^2 - 5)) -$$

$$\frac{1}{\mu}\ln(1-\lambda_2\mu(x_1+x_2-3))$$

表 1 概括 6 次迭代的计算。

表 1　例 3.5.1 的计算结果

k	X_k	$\|\nabla Q(x_k, \lambda, \mu)\|$	μ	λ_1	λ_2
0	(1.000 000, 0.500 000)	4.925 891	20.000 000	1.000 000	1.000 000
1	(1.853 422, 1.137 910)	1.101 175	20.200 000	0.842 105	0.930 233
2	(1.869 614, 1.130 206)	0.813 510	20.402 000	0.832 732	0.929 861
3	(1.870 039, 1.129 960)	0.813 276	20.606 020	0.825 082	0.929 854
4	(1.919 275, 1.101 160)	0.643 598	20.812 080	0.817 678	0.929 854
5	(1.908 924, 1.105 248)	0.064 323	21.020 201	0.814 356	0.930 703
6	(1.908 687, 1.104 424)	0.004 957	—	—	—

k	d_k	t	$f(x)$	$Q(x, \lambda, \mu)$
0	(1.893 359, 1.415 236)	0.450 745	6.250 000	5.861 764
1	(0.069 101, −0.032 877)	0.234 333	2.057 842	1.965 150
2	(0.045 754, −0.026 512)	0.009 279	2.034 314	1.956 657
3	(0.045 782, −0.026 780)	0.075 438	2.033 782	1.957 205
4	(−0.009 625, 0.003 801)	1.075 438	1.975 880	1.975 880
5	(−0.000 220, −0.000 767)	1.074 456	1.991 028	1.949 658
6	—	—	1.993 021	1.950 081

按照表 1，在 6 次迭代末，点 $x_6=(1.908\,687, 1.104\,424)$ 达到了目标函数值 $f(x_6)=1.993\,021$。注意到最优点是 $(2, 1)^T$，其目标函数值是 2。([73])

例 3.5.2

$$\min f(x)=2x_1^2+2x_2^2-2x_1x_2-4x_1-6x_2$$

$$\text{s.t.}\quad x_1 + 5x_2 \leqslant 5$$

$$2x_1^2 - x_2 \leqslant 0$$

$$x_1, x_2 \geqslant 0$$

$$g_1(x) = x_1 + 5x_2 - 5$$

$$g_2(x) = 2x_1^2 - x_2$$

$$X = \{(x_1, x_2) \mid 0 \leqslant x_i \leqslant 3;\ i = 1, 2\},\ x \in X$$

初始点 $x_0 = (0.300\,000, 0.900\,000)$，

$$Q(x, \lambda, \mu) = f(x) + \frac{1}{\mu}\sum_{i=1}^{2} \ln(1 - \lambda_i \mu g_i(x))$$

$$= f(x) - \frac{1}{\mu}\ln(1 - \lambda_1\mu(x_1 + 5x_2 - 5)) - \frac{1}{\mu}\ln(1 - \lambda_2\mu(2x_1^2 - x_2))$$

计算结果见表 2。

表 2　例 3.5.2 的计算结果

k	X_k	$\Vert \nabla Q(x_k, \lambda, \mu) \Vert$	μ	λ_1	λ_2
0	(0.300 000, 0.900 000)	4.369 775	10.000 000	1.000 000	1.000 000
1	(0.550 833, 0.889 195)	2.272 225	10.100 000	0.980 392	0.932 836
2	(0.653 581, 0.868 757)	0.157 875	10.201 000	0.980 088	0.909 127
3	(0.655 090, 0.868 007)	0.001 361	—	—	—

k	d_k	t	$f(x)$	$Q(x, \lambda, \mu)$
0	(0.726 997, −0.031 317)	0.345 026	−5.340 000	−5.660 275
1	(0.230 813, −0.045 913)	0.445 156	−6.329 928	−6.461 480
2	(0.001 505, −0.000 748)	1.002 273	−6.598 656	−6.613 511
3	—	—	−6.600 489	−6.613 600

按照表 2，在 3 次迭代末，点 $x_3 = (0.655\,080,\ 0.868\,011)^T$ 被达到了目标函数 $f(x_3) = -6.600\,471$。注意到最优点是$(0.658\,872,\ 0.868\,26)^T$ 其目标函数值是 $-6.613\,086$。([70])

例 3.5.3

$$\min f(x) = 2x_1^2 + 2x_2^2 - 2x_1x_2 - 4x_1 - 6x_2$$

$$\text{s. t.}\ \ x_1 + x_2 \leqslant 2$$

$$x_1 + 5x_2 \leqslant 5$$

$$x_1,\ x_2 \geqslant 0$$

$$g_1(x) = x_1 + x_2 - 2$$

$$g_2(x) = x_1 + 5x_2 - 5$$

$$X = \{(x_1,\ x_2) \mid 0 \leqslant x_i \leqslant 2;\ i = 1,\ 2\},\ x \in X$$

初始点 $x_0 = (0.500\,000,\ 0.700\,000)^T$，

$$Q(x,\ \lambda,\ \mu) = f(x) - \frac{1}{\mu}\sum_{i=1}^{2}\ln(1 - \lambda_i\,\mu g_i(x))$$

$$= f(x) - \frac{1}{\mu}\ln(1 - \lambda_1\mu(x_1^2 + x_2 - 2)) -$$

$$\frac{1}{\mu}\ln(1 - \lambda_2\mu(x_1 + 5x_2 - 5))$$

计算结果见表 3。

表 3　例 3.5.3 的计算结果

k	X_k	$\lVert \nabla Q(x_k,\ \lambda,\ \mu) \rVert$	μ	λ_1	λ_2
0	(0.500 000, 0.700 000)	5.026 038	16.000 000	2.000 000	2.000 000
1	(0.687 053, 0.862 509)	5.107 648	16.320 000	1.818 182	1.777 778
2	(1.111 457, 0.774 375)	1.324 991	—	—	—

续 表

k	d_k	t	$f(x)$	$Q(x, \lambda, \mu)$
0	(1.188 921, 1.032 922)	0.157 330	−5.420 000	−5.843 589
1	(0.406 193, −0.084 352)	1.044 834	−6.676 519	−6.840 513
2	—	—	−7.143 461	−7.255 035

按照表 3，在 2 次迭代末，点 $x_2 = (1.111\,457,\ 0.774\,375)^T$ 被达到了目标函数 $f(x_2) = -7.143\,461$。注意到最优点是 $(1.129\,032,\ 0.774\,194)^T$ 其目标函数值是 $-7.161\,292$。([71])

第四章 混合整数规划的精确罚函数

4.1 引言

对如下整数规划问题：

$$\begin{aligned} \min \quad & f(x) \\ \text{s.t.} \quad & g_i(x) \leqslant 0, \quad i = 1, 2, \cdots, m \\ & x \in X_I \subset R^n \end{aligned} \tag{4.1.1}$$

其中 $f(x)$，$g_i(x)$ $i=1, 2, \cdots, m$ 为连续函数，X_I 为有限整数点的集合。

一般来说，找问题(4.1.1)的可行点的工作量是较大的，所以从可行点出发来寻求问题(4.1.1)解的一些方法的应用受到了某种程度的限制，这样用精确罚函数方法把问题(4.1.1)化为无约束的整数规划问题，可以避免找可行点的困难，文献[74]所述，当罚参数 μ 充分大时，下述无约束整数规划的最优解是原问题(4.1.1)的最优解：

$$\begin{aligned} \min \quad & f(x) + \mu L(x) \\ \text{s.t.} \quad & x \in X_I \subset R^n \end{aligned}$$

其中，$L(x)$满足：当 $x \in X_I \backslash S$ 时，

$$L(x) \geqslant v^* > 0,$$

当 $x \in S$ 时，$L(x)=0$。这里

$$S = \{x \in X_I \mid g_i(x) \leqslant 0, i = 1, 2, \cdots, m\}$$

文献[75－77]讨论了解整数规划问题的一些方法。此外，拉格朗

日方法也是一种将约束问题化为无约束问题的途径，在整数规划中，也有相当多的应用，参见文献[78-84]。

而关于线性混合整数规划的精确罚函数在[85]已得到讨论。

本章，我们考虑如下的混合整数规划问题：

$$(MIP) \quad \min_{(x,\ y_I)\in S} f(x,\ y_I),$$

$$S = \{(x,\ y_I) \in R^m \times R_I^l \mid g_i(x,\ y_I) \leqslant 0,\ i \in I_1\}$$

其中 I_1 是一个有限指标集，R^m 表示 m 维欧几里得空间，R_I^l 表示在 R^l 中所有整数点的集合。

相应的精确罚函数如下给出：

$$(MIP_\mu) \quad \min_{(x,\ y_I)\in R^m\times R_I^l} \quad f(x,\ y_I) + \mu p(x,\ y_I)$$

其中

$$\mu > 0,\ (x,\ y_I) \in S \Leftrightarrow P(x,\ y_I) = 0.$$

例如，设

$$p(x,\ y_I) = \max(0,\ g_i(x,\ y_I),\ i \in I_1),$$

$$G(MIP),\ G(MIP_\mu)$$

分别表示(MIP)，(MIP_μ)的全局最优解的集合。

为了简单起见，我们假定(MIP)，(MIP_μ)的约束集是 $R^m \times R_I^l$ 的有界闭集。这样，存在一个大的有界箱子 $X \times Y_I$ 它包含$G(MIP)$，$G(MIP_\mu)$。

因此，我们用 $X \times Y_I$ 取代$R^m \times R_I^l$。

本章的结构如下：4.2 我们用比较初等的方法给出了原规划全局解和其相应的精确罚函数问题全局解等价性的几个充分条件。此外在 4.3 我们提出了线性混合整数规划情况下相应的精确罚函数中的罚参数与原问题中的 KKT 乘子之间的一种联系。

4.2 全局解的等价性的几个充分条件

定理 4.2.1 若对所有

$$(x, y_I) \overline{\in} S, (x^*, y_I^*) \in G(MIP)$$

成立

$$\frac{f(x, y_I) - f(x^*, y_I^*)}{p(x, y_I) - p(x^*, y_I^*)} \geqslant -\mu_0, \text{对某 } \mu_0 > 0 \tag{4.2.1}$$

则

$$G(MIP) = G(MIP_\mu), \text{对任何 } \mu > \mu_0\text{。}$$

证明 (1)

$$G(MIP) \subset G(MIP_\mu), \ \mu > \mu_0\text{。}$$

(i) 若 $(x, y_I) \in S$

则

$$p(x, y_I) = 0\text{。}$$

进一步,对任何 $(x^*, y_I^*) \in G(MIP)$,我们有 $p(x^*, y_I^*) = 0$ 且

$$f(x^*, y_I^*) \leqslant f(x, y_I), \text{对所有} (x, y_I) \in S\text{。}$$

这样

$$\begin{aligned} f(x^*, y_I^*) + \mu p(x^*, y_I^*) &= f(x^*, y_I^*) \leqslant f(x, y_I) \\ &= f(x, y_I) + \mu p(x, y_I) \end{aligned}$$

其中 $\mu > 0$。

(ii) 若 $(x, y_I) \notin S$,

则有条件(4.2.1)对 $\mu > \mu_0$,成立

$$f(x^*, y_I^*) + \mu p(x^*, y_I^*) < f(x, y_I) + \mu p(x, y_I)。$$

结合(i),(ii),我们得到

$$(x^*, y_I^*) \in G(MIP_\mu)。$$

(2)

$$G(MIP_\mu) \subset G(MIP), \mu > \mu_0。$$

设

$$(x_\mu^*, y_{I_\mu}^*) \in G(MIP_\mu), \mu > \mu_0。$$

这样对所有

$$(x, y_I) \in X \times Y_I,$$

我们有

$$f(x_\mu^*, y_{I_\mu}^*) + \mu p(x_\mu^*, y_{I_\mu}^*) < f(x, y_I) + \mu p(x, y_I) \tag{4.2.2}$$

现证明

$$(x_\mu^*, y_{I_\mu}^*) \in S。$$

若 $(x_\mu^*, y_{I_\mu}^*) \notin S$, 则由条件(4.2.1),我们有

$$f(x^*, y_I^*) + \mu p(x^*, y_I^*) < f(x_\mu^*, y_{I_\mu}^*) + \mu p(x_\mu^*, y_{I_\mu}^*)$$

其中

$$(x^*, y_I^*) \in G(MIP), \mu > \mu_0。$$

这与(4.2.2)矛盾。于是 $(x_\mu^*, y_{I_\mu}^*) \in S$ 且 $p(x_\mu^*, y_{I_\mu}^*) = 0$。

根据(4.2.2),成立

$$f(x_\mu^*, y_{I_\mu}^*) = f(x_\mu^*, y_{I_\mu}^*) + \mu p(x_\mu^*, y_{I_\mu}^*)$$

$$\leqslant f(x, y_I) + \mu p(x, y_I) = f(x, y_I)$$

对所有 $(x, y_I) \in S$. 这蕴含着 $(x_\mu^*, y_{I_\mu}^*) \in G(MIP)$。

为了讨论一些其他结果,我们给出相关定义。

定义 4.2.1 S 的边界 ∂S. 称 $(\bar{x}, \bar{y}_I) \in \partial S$, 当且仅当

(i) 成立 $g_i(\bar{x}, \bar{y}_I) \leqslant 0$,对所有 $i \in I_1$ 且至少存在一个 $i_0 \in I_1$ 使得

$$g_{i_0}(\bar{x}, \bar{y}_I) = 0$$

(ii) 对任何 $\varepsilon > 0$ 且领域 $O(\bar{x}, \varepsilon) \subset R^n$,存在 $x^\varepsilon \in O(\bar{x}, \varepsilon)$, $i_0 \in I_1$ 使得

$$g_{i_0}(x^\varepsilon, \bar{y}_I) > 0。$$

定义 4.2.2 S 的内部。$(\bar{x}, \bar{y}_I) \in \mathrm{int}S$,如果 $(\bar{x}, \bar{y}_I) \in S \backslash \partial S$。

定理 4.2.2 (1) 假定 $\partial S \cap G(MIP) \neq \emptyset$. 若对任何 $(x^*, y_I^*) \in \partial S \cap G(MIP)$,成立

$$\lim_{x \to x^*} \inf_{(x, y_I) \notin S} \frac{f(x, y_I) - f(x^*, y_I^*)}{p(x, y_I) - p(x^*, y_I^*)} > -\mu_0, \ \mu_0 > 0。\tag{4.2.3}$$

则存在 $\mu_1 > 0$,使得当 $\mu > \mu_1$ 时, 有

$$G(MIP) = G(MIP_\mu),$$

其中 μ_0 是一个常数。

(2) 若 $\partial S \cap G(MIP) = \emptyset$,

则存在 $\mu_2 > 0$,使得当 $\mu > \mu_2$ 时, 有

$$G(MIP) = G(MIP_\mu)。$$

证明 由(4.2.3),对任何

$$(x^*, y_I^*) \in \partial S \cap G(MIP),$$

存在

$$1 > \varepsilon_{x^*}(y_I^*) > 0,$$

使得对任何

$$x \in (x^*, \varepsilon_{x^*}(y_I^*)), (x, y_I) \overline{\in} S,$$

我们有

$$\frac{f(x, y_I) - f(x^*, y_I^*)}{p(x, y_I) - p(x^*, y_I^*)} > -\mu_0。$$

令

$$\varepsilon_{x^*} = \min_{(x^*, y_I^*) \in \partial S \cap G(MIP)} \varepsilon_{x^*}(y_I^*) > 0。$$

显然

$$B((x^*, y_I^*), \varepsilon_{x^*}) = (x^*, y_I^*) + \varepsilon_{x^*} B(\theta, 1)$$

$$= \{(x, y_I^*) \mid x \in O(x^*, \varepsilon_{x^*})\}。$$

因此,对任何

$$(x, y_I) \in B((x^*, y_I^*), \varepsilon_{x^*}) \backslash S,$$

我们有

$$\frac{f(x, y_I) - f(x^*, y_I^*)}{p(x, y_I) - p(x^*, y_I^*)} > -\mu_0。$$

于是,对任何

$$(x, y_I) \in \bigcup_{(x^*, y_I^*) \in \partial S \cap G(MIP)} B((x^*, y_I^*), \varepsilon_{x^*}) \backslash S,$$

我们有

$$\frac{f(x, y_I)-f(x^*, y_I^*)}{p(x, y_I)-p(x^*, y_I^*)}>-\mu_0。$$

对任何

$$(\bar{x}, \bar{y}_I)\in\partial S\backslash G(MIP),$$

我们有

$$f(\bar{x}, \bar{y}_I)>f(x^*, y_I^*)。$$

因此,存在

$$1>\delta_{\bar{x}}(\bar{y}_I)>0,$$

使得对任何

$$(x, y_I)\in B((\bar{x}, \bar{y}_I), \delta_{\bar{x}}(\bar{y}_I)),$$

我们有

$$f(x, y_I)>f(x^*, y_I^*)。$$

令

$$\delta_{\bar{x}}=\min_{(\bar{x}, \bar{y}_I)\in\partial S\backslash G(MIP)}\delta\bar{x}(\bar{y}_I)>0。$$

这样我们有

$$f(x, y_I)>f(x^*, y_I^*),$$

对任何

$$(x, y_I)\in\bigcup_{(\bar{x}, \bar{y}_I)\in\partial S\backslash G(MIP)}B((\bar{x}, \bar{y}_I), \delta_{\bar{x}})\backslash S。$$

即

$$\frac{f(x, y_I)-f(x^*, y_I^*)}{p(x, y_I)-p(x^*, y_I^*)}\geqslant 0>-\mu_0。$$

令

$$A=\Big(\bigcup_{(x^*,\ y_I^*)\in\partial S\cap G(MIP)} B((x^*,\ y_I^*),\ \varepsilon_{x^*})\backslash S\Big)\cup$$

$$\Big(\bigcup_{(\bar{x},\ \bar{y}_I)\in\partial S\backslash G(MIP)} B((\bar{x},\ \bar{y}_I),\ \delta_{\bar{x}})\backslash S\Big)。$$

注意到 A 是一个开集，$\partial S\subset A$ 且 ∂S 是一个紧集。这样，存在 $\delta_1>0$，使得

$$\partial S+\delta_1 B(\theta,\ 1)\subset A。$$

明显地

$$(\partial S+\delta_1 B(\theta,\ 1))\backslash S=(S+\delta_1 B(\theta,\ 1))\backslash S。$$

对任何

$$(x,\ y_I)\in S+\delta_1 B(\theta,\ 1))\backslash S,$$

我们有

$$\frac{f(x,\ y_I)-f(x^*,\ y_I^*)}{p(x,\ y_I)-p(x^*,\ y_I^*)}>-\mu_0。$$

令

$$\delta^*=\min_{(x,\ y_I)\in X\times Y_I\backslash(S+\delta_1 B(\theta,\ 1))} p(x,\ y_I)>0。$$

于是

$$\mu_1=\frac{\bar{f}-\underline{f}}{\delta^*}>0。$$

对任何

$$(x,\ y_I)\in(X\times Y_I)\backslash(S+\delta_1 B(\theta,\ 1)),$$

我们有

$$f(x, y_I)+\mu_1 p(x, y_I) \geqslant \underline{f}+\frac{\bar{f}-\underline{f}}{\delta_*}\delta_* = \bar{f}$$

$$\geqslant f(x^*, y_I^*)$$

$$\geqslant f(x^*, y_I^*)+\mu_1 p(x^*, y_I^*)。$$

即

$$\frac{f(x, y_I)-f(x^*, y_I^*)}{p(x, y_I)-p(x^*, y_I^*)} \geqslant \mu_1。$$

令

$$\mu_2 = \max\{\mu_1, \mu_0\}。$$

对任何

$$(x, y_I) \in (X \times Y_I)\backslash S,$$

我们有

$$\frac{f(x, y_I)-f(x^*, y_I^*)}{p(x, y_I)-p(x^*, y_I^*)} \geqslant \mu_2。$$

由定理 4.2.1,可得 $G(MIP)=G(MIP_\mu)$,对 $\mu>\mu_2$。

(2) 从 $\partial G(MIP)=\emptyset$,得 $(x^*, y_I^*) \in \text{int}S$,对所有 $(x^*, y_I^*) \in G(MIP)$ 且 $p(x^*, y_I^*)=0$。

所以对所有 $(x, y_I) \in S$, $p(x, y_I)=0$,且对任何 $\mu>0$,

$$f(x^*, y_I^*)+\mu p(x^*, y_I^*) = f(x^*, y_I^*)$$

$$\leqslant f(x, y_I)$$

$$= f(x, y_I)+\mu p(x, y_I)$$

从而

(i) 对 $(x, y_I) \in \partial S$,成立

$$f(x^*,\ y_I^*) < f(x,\ y_I)。$$

所以存在 $\delta > 0$,使得的所有 $(x,\ y_I) \in \partial S \cup \delta B(\theta,\ 1)$,其中

$$B(\theta,\ 1) = \{(x,\ 0) \in R^m \times R_I^l : \|x\| \leqslant 1\},$$

我们有

$$f(x^*,\ y_I^*) < f(x,\ y_I),\ p(x,\ y_I) \geqslant 0$$

且对任何 $\mu > 0$。

$$\begin{aligned} f(x^*,\ y_I^*) &= f(x^*,\ y_I^*) + \mu p(x^*,\ y_I^*) \\ &\leqslant f(x,\ y_I) + \mu p(x,\ y_I)。 \end{aligned}$$

(ii) 对

$$\begin{aligned} (x,\ y_I) \in (X \times Y_I) &\backslash (S \cup (\partial S \cup \delta B(\theta,\ 1))) \\ &= (X \times Y_I) \backslash (S \cup \delta B(\theta,\ 1)), \end{aligned}$$

存在 $\delta_1 > 0$ 使得

$$p(x,\ y_I) \geqslant \delta_1 > 0。$$

由于

$$(X \times Y_I) \backslash (S \cup \delta B(\theta,\ 1))$$

是一个闭集,对任何

$$(x,\ y_I) \in (X \times Y_I) \backslash (S \cup \delta B(\theta,\ 1)),$$

存在两种情况:

(a)

$$f(x^*,\ y_I^*) < f(x,\ y_I)。$$

这样对任何 $\mu > 0$,成立

$$f(x^*, y_I^*) + \mu p(x^*, y_I^*) = f(x^*, y_I^*) \leqslant f(x, y_I)$$
$$= f(x, y_I) + \mu p(x, y_I)。$$

(b)

$$f(x^*, y_I^*) > f(x, y_I)。$$

令

$$\mu_1 = \frac{\bar{f} - \underline{f}}{\delta_1},$$

则

$$f(x, y_I) + \mu_1 p(x, y_I) \geqslant \underline{f} + \frac{\bar{f} - \underline{f}}{\delta_1}\delta_1 = \bar{f}$$
$$\geqslant f(x^*, y_I^*)$$
$$= f(x^*, y_I^*) + \mu_1 p(x^*, y_I^*) \quad (4.2.4)$$

从而对任何

$$(x, y_I) \in (X \times Y_1) \backslash S,$$

我们有

$$\frac{f(x, y_I) - f(x^*, y_I^*)}{p(x, y_I) - p(x^*, y_I^*)} > -\mu_1。$$

根据定理 4.2.1,当 $\mu > \mu_1$,定理成立。

定理 4.2.3 若对所有

$$(x^*, y_I^*) \in \partial G(MIP),$$
$$\partial G(MIP) \neq \emptyset。$$

$$\lim_{x \to x^*} \inf_{(x, y_I^*) \in (X \times Y_I) \backslash S} \frac{f(x, y_I^*) - f(x^*, y_I^*)}{p(x, y_I^*) - p(x^*, y_I^*)} > -\mu_0, \ \mu_0 > 0 \tag{4.2.5}$$

则存在 $\mu_3 > 0$,当 $\mu > \mu_3$ 时,有

$$G(MIP) = G(MIP_{\mu})。$$

证明 我们仅仅需要证明(4.2.3)⇔(4.2.5)

(1) (4.2.3)⇒(4.2.5)显然成立。

因为用(4.2.3)中的

$$(x, y_I) \in (X \times Y_I) \backslash S$$

被

$$(x, y_I^*) \in (X \times Y_I) \backslash S。$$

所取代,所以我们得到(4.2.5)。

(2) (4.2.5)⇒(4.2.3). 从(4.2.5),存在一个小的 $\delta > 0$,对

$$(x, y_I^*) \in (\partial G(MIP) \cup \delta B(\theta, 1)) \cap ((X \times Y_I) \backslash S),$$

这里

$$B(\theta, 1) = \{(x, y_I^*): \|(x, y_I^*) - (x^*, y_I^*)\| < 1\},$$

其中

$$(x^*, y_I^*) \in G(MIP),$$

成立

$$p(x, y_I^*) > 0。$$

$$\frac{f(x, y_I^*) - f(x^*, y_I^*)}{p(x, y_I^*) - p(x^*, y_I^*)} > -\mu_0。$$

进一步,对

$$(x, y_I) \in (\partial S \cup \delta B(\theta, 1)) \backslash ((\partial G(MIP) \cup \delta B(\theta, 1)) \cap ((X \times Y_I) \backslash S))。$$

其中令 $\delta > 0$ 足够小,则 $p(x, y_I) > 0$,且

$$f(x, y_I) \geqslant f(x^*, y_I^*)。$$

于是

$$\frac{f(x, y_I) - f(x^*, y_I^*)}{p(x, y_I) - p(x^*, y_I^*)} \geqslant 0 > -\mu_1$$

对

$$(x, y_I) \in ((X \times Y_I) \backslash (S \cup (\partial S \cup \delta B(\theta, 1)))$$
$$= (X \times Y_I) \backslash (S \cup \delta B(\theta, 1)),$$

存在两种情况:

(i)

$$f(x, y_I) \geqslant f(x^*, y_I^*),$$

显然成立

$$\frac{f(x, y_I) - f(x^*, y_I^*)}{p(x, y_I) - p(x^*, y_I^*)} \geqslant 0 > -\mu_1, \ p(x, y_I) > 0。$$

(ii)

$$f(x, y_I) < f(x^*, y_I^*),$$

$$(X \times Y_I) \backslash (S \cup \delta B(\theta, 1))$$

是一个闭集,且在 Y_I 中的整数点的数量有限。这样

$$p(x, y_I) \geqslant \delta_0 > 0,$$

且

$$-\mu_1 = \min_{(x,\, y_I^*)\in(X\times Y_I)\setminus(S\cup\delta B(\theta,\,1))} \frac{f(x,\, y_I^*)-f(x^*,\, y_I^*)}{p(x,\, y_I^*)-p(x^*,\, y_I^*)}$$

$$= \frac{f(\bar{x},\, \bar{y}_I^*)-f(x^*,\, y_I^*)}{p(\bar{x},\, \bar{y}_I^*)-p(x^*,\, y_I^*)},\ \bar{\mu}_1 > 0 \tag{4.2.5}$$

这意味着对任何

$$(x,\, y_I)\in(X\times Y_I)\setminus(S\cup\delta B(\theta,\, 1)),$$

成立

$$\frac{f(x,\, y_I)-f(x^*,\, y_I^*)}{p(x,\, y_I)-p(x^*,\, y_I^*)} \geqslant \frac{f(\bar{x},\, \bar{y}_I)-f(x^*,\, y_I^*)}{p(\bar{x},\, \bar{y}_I)-p(x^*,\, y_I^*)} = -\bar{\mu}_1,\ \bar{\mu}_1 > 0。$$

因此,条件(4.2.3)成立。

4.3 线性混合整数规划的 KKT 乘子

定理 4.3.1 若

$$f(x,\, y_I) = c^T x + d^T y_I,$$

$$g_i(x,\, y_I) = a_i^T x + b_i^T y_I - \beta_i,\ i\in I_1,$$

$$G(MIP) = \{(x^*,\, y_{I_j}^*),\ j\in J\},$$

J 是有限指标集,则定理 4.2.3 的条件(4.2.5)成立,且

$$\mu_0 = \max_{(x^*,\, y_{I_j}^*)\in G(MIP)} \sum_{i\in I_j(x^*)} \lambda_{ij}^*,$$

$$\lambda_{ij}^* \geqslant 0,$$

对所有 $i \in I_1$ 是在 x^* 处和依赖于 $y_{I_j}^*$ 上的 KKT 乘子，且

$$y_{I_j}^*, I_{I_j}(x^*) = \{i \in I_1 : g_i(x^*, y_{I_j}^*) = 0\}。$$

证明 由于$\{y_{I_j}^*\}$的数量有限,不失一般性,假设$\{y_{I_j}^*\}$是单点集 $y_{I_1}^*$。

由 KKT 条件,我们有

$$\lambda_{i_1}^* \geqslant 0, i \in I_1$$

且

$$\nabla_{x^*}(c^T x^* + d^T y_{I_1}^*) + \sum_{i \in I_{I_1}(x^*)} \lambda_{i_1}^* \nabla_{x^*}(\alpha_i^T x^* + b_i^T y_{I_1}^* - \beta_i)$$

$$= c^T + \sum_{i \in I_{I_1}} \lambda_{i_1}^* \alpha_i^T = 0 \tag{4.3.1}$$

进一步,从定理 4.2.3 的条件,(4.2.5)成立

$$\frac{c^T x + d^T y_{I_1}^* - (c^T x^* + d^T y_{I_1}^*)}{\max(0, a_i^T x + b_i^T y_{I_1}^* - \beta_i, i \in I_1) -} \geqslant -\mu_0 \tag{4.3.2}$$

其中$(x, y*I_1) \in (X \times Y_1) \backslash S$, $\| x - x^* \| \leqslant \delta$, $\delta > 0$足够小。显然有

$$a_i^T x^* + b_i^T y_{I_1}^* - \beta_i \leqslant 0,$$

对所有 $i \in I_1$,且 $a_i^T x^* + b_i^T y_{I_1}^* - \beta_i < 0$,对所有 $i \overline{\in} I_{I_1}(x^*)$。

其中 $\delta > 0$ 足够小,因此,对所有

$$(x, y_{I_1}^*) \in (G(MIP) \cup \delta B(\theta, 1)) \cap ((X \times Y) \backslash S),$$

成立

$$a_i^T x + b_i^T y_{I_1}^* - \beta_i < 0$$

对所有 $i \notin I_{I_1}(x^*)$ 成立。于是

$$p(x, y_{I_1}^*) - p(x^*, y_{I_1}^*) = \max_{i \in I_{I_1}(x^*)} ((a_i^T x + b_i^T y_{I_1}^* - \beta_i) - (a_i^T x^* + b_i^T y_{I_1}^* - \beta_i))$$

$$= \max_{i \in I_{I_1}(x^*)} a_i^T (x - x^*) > 0。$$

从(4.3.1),(4.3.2)我们得到

$$\frac{c^T(x-x^*)}{\max\limits_{i \in I_{I_1}(x^*)} a_i^T(x-x^*)} = \frac{-\sum\limits_{i \in I_{I_1}(x^*)} \lambda_{i_1}^* a_i^T(x-x^*)}{\max\limits_{i \in I_{I_1}(x^*)} a_i^T(x-x^*)}$$

$$\geqslant \frac{-\max\limits_{i \in I_{I_1}(x^*)} a_i^T(x-x^*) - \sum\limits_{i \in I_{I_1}(x^*)} \lambda_{i_1}^*}{\max\limits_{i \in I_{I_1}(x^*)} a_i^T(x-x^*)}$$

$$= -\sum_{i \in I_{I_1}(x^*)} \lambda_{i_1}^*,$$

所以

$$\mu_0 = \sum_{i \in I_{I_1}(x^*)} \lambda_{i_1}^* \geqslant 0。$$

寻找解决(MIP_μ)的算法是个需要进一步研究的问题。

结　论

在此论文完成之际，我们需要强调指出的是，对传统罚函数而言，若是简单、光滑的，则一定不是精确的。若是简单的、精确的，则一定是非光滑的。而我们工作是对传统罚函数进行了改造，主要是引入了指数型和对数型罚函数，构造了罚函数。并在改造后的罚函数中增添了乘子参数，使之成为既是简单的、光滑的，又是精确的。我们把这类罚函数称为简单光滑乘子精确罚函数。在对传统罚函数进行修正的工作中，文献[11]也给了一个指数型罚函数，由于它们没有增添乘子，得到的这一指数型罚函数是简单的、光滑的，但仍然不是精确的。在文献[55]给出了一个对数型罚函数，其特点是在罚函数中增添了乘子，从而得到的是简单光滑精确罚函数，此罚函数中的乘子是线性的，其给出的一些结论在证明上用到的数学工具比较高深，不易读懂，我们构造了两类指数型和对数型罚函数中的乘子是非线性的，而且用比较初等的方法证明了类似的结论，并讨论了一些精确罚性质和收敛性及敛速等问题，而且数值试验的结果也是较为满意的。至于在罚函数中是否要增添乘子，才能使其成为简单光滑精确罚函数，或如何构造更好的罚函数，得到令人满意的结果，是我们进一步需要探讨的课题。

参考文献

[1] M. S. Bazaraa，H. D. Sherali and C. M. Shetty. Nonlinear Programming: Theory and Algorithms，Second Edition. New York: John Wiley Sons，Inc.，1993.

[2] G. D. Camp. Inequality-constrained stationary-value problems. Operations Research，1955，3: 548 - 550.

[3] T. Pietrgykowski. Application of the steepest desent method to concave programming，Proc. of International Faderation of Information Processing Societies Congress (Munich). North Holland，Amsterdam，1960: 185 - 189. berlin，Germany: Springer，1994.

[4] A. V. Fiacco，G. P. McCormick. The sequential unconstrained minimization technique for nonlinear programming，a primal-dual method. Management Science，1964，10: 360 - 366.

[5] A. V. Fiacco，G. P. McCormick. Computational algorithm for the sequential unconstrained minimization techniquer for nonlinear programming. Manegement Science，1964，10: 601 - 617.

[6] A. V. Fiacco，G. P. McCormick. Extensions of SUMT for nonlinear programming: equality constraints and extrapolation. Management Science，1966，12: 816 - 828.

[7] A. V. Fiacco，G. P. McCormick. The slacked unconstrained minimization technique for convex programming. SIAM J. Applied Mathematics，1967，15: 505 - 515.

[8] A. V. Fiacco，G. P. McCormick. The sequential unconstrained

minimization technique (SUMT), without parameters. Operations Research, 1967, 15: 820 - 827.

[9] A. V. Fiacco, G. P. McCormick. Nonlinear programming: sequential unconstrained minimization techniques, John WiletThoai N. V., Tuy H. Convergent Algorithms for Minimizing a Concave Function. Mathematics of Operaations Research, 1980, 5: 556 - 566.

[10] Tseng, P., Bertsckas. D. P. On the convergence of the Exporential Multiplier method for convex programming. Mathematic Programming, vol. 6, 1993: 1 - 19.

[11] R. Cominetti and J. P. Dussault. Stable exponetial-penalty algorithm with superlinear convergence. Journal zation Theory and Applications Vol. 83, No. 2, 1984: 285 - 309.

[12] I. I. Eremin. The peralty methad in convex programming. Science Math. Dokl., 1966, 18: 155 - 162.

[13] W. I. Zangwill. Nonlinear programming Via penalty functions. Management Science, 1967, 13: 344 - 358.

[14] J. W. Bandler and C. Charalambous. Nonliear programming using minimax techniques. J. Optim. Theory Appl., 1974, 13: 607 - 619.

[15] J. S. Bazaraa and J. J. Goode. Sufficient conditions for a penalty function to be exact Math. Programming Study., 1982, 19: 1 - 15.

[16] D. P. Bertsekas. Necessary and sufficient conditions for a penalty function to be exact Math. Programming, 1975, 9: 87 - 99.

[17] J. Barke. An exact penalization viewpoint of constrained optimization, SIAM J. Control and Optimization, 1991, 29: 968 - 998.

[18] C. Charalambous. A lower bound for the controlling parameter of exact penalty function, Math. Programming, 1978, 15: 278-290.

[19] F. H. Clarke. Optimition and nonsmooth Analysis, Candad. Math. Soc. Ser. Monographs. Adv. Texts, John Wiley, New york, 1983.

[20] A. R. Conn and N. I. M. Gould. An exact penalty function for semi-infinite programming. Math. Programming, 1987, 37: 19-40.

[21] S. Dolecki and S. Rolewicz. Exact penalty for local minima. SIAM J. Control Optim., 1979, 17: 596-606.

[22] J. P. Evans, F. J. Gould, and J. W. Tolle. Exact penalty functions in nonlinear programming. Math. Programming, 1973, 4: 72-97.

[23] R, Flelcher. Practical Methods of Optimization, Volume2; Constrained Optimization. John Wiley, New York, 1981.

[24] R. Fletcher. Numerical experiment with l_1 penalty function method, in Nonlinear Programming 4, O. Mangasarian, R Meyer and S, Robinson, eds.. New york: Academic Press, 1981: 99-129.

[25] U. M. Garcia-Palomares. Connectious among nonlinear programming, minimax and exact penalty functions, Computer Science Division, Argonne National Laboratories. Technical Memorandum No. 20, 1983.

[26] S. Han. A globally convergent method for nonlinear programming. J. Optim. Theory Appl., 1977, 22: 297-309.

[27] S. P. Han and O. L., Mangasarian. Exact penalty functions in nonlinear programming. Math. Programming, 1979, 17: 251-269.

[28] S. Howe. New conditions for exactness of simple penalty functions, SIAM J. Control Optim., 1973, 11: 378 - 381.

[29] J. B. Lasserre. Exact penalty functions and lagrange multipliers, (R. A. I. R.), Automat./Syst. Anal. Control, 1980, 14: 117 - 125.

[30] Z. Q. Luo, J. S. Pang and D. Ralph. Mathematical programs with Equilibrium Constraints, Cambridge university press, 1996.

[31] O. L. Mangasarian. Sufficiency of exact penalty minimization, SIAM J. Control Optim., 1985, 23(1): 30 - 37.

[32] D. O. Mayne and N. Maratos. A first order, exact penalty function algorithm for equality constrained optimization problems, Math. Programming, 1979, 16: 303 - 324.

[33] T. Pietrzykowski. An exact potential method for constrained maxima, SIAM J. Numer. Anal., 1969, 6: 299 - 304.

[34] E. Polak; D. Q. Mayne and Y. Wardi. On the extension of constrained optimization algorithms from differentiable to non-differentiable problem, SIAM J. Control Optim, 1983, 21: 179 - 203.

[35] E. Rosenberg. Exact penalty functions and stability in local Lipschitz programming, Mathematical Programming 1964, 30: 340 - 356.

[36] L. S. Zhang. A sufficient and necessary condition for a global exact penalty function for nonlinear interger programming. OR Transactions, 2003, 7(1): 19 - 27.

[37] R. M. Chamberlain, C. Lemarechal, H. C. Pederson and M. J. D. Powel. The watch dog technique for forcing convergence in algorithms for constrained optimization, Math. Programming Stud., 1982, 15: 278 - 290.

[38] A. R. Conn and T. Pietrzykowski. A penalty function method

converging directly to a constrained optimum. SIAM J. Numer. Anal, 1977, 14: 348 - 374.

[39] R. Fletcher. A model algorithm for composite nondifferentiable optimization problem. Math. Programming Study, 1982, 17: 67 - 76.

[40] R. Fletcher. Practical Methods of Optimizations. Second edition, John Wiley, New York, 1987.

[41] D. P. Bertsekas. Variable metric methods for constrained optimization using differentiable exact penalty function. Proc. 18th Annual Allerton Conference on Communication, Control and Computing, 1980: 584 - 593.

[42] R. Fletcher. An exact penalty function for nonlinear programming with inequalities. Math. Programming, 1973, 5: 129 - 150.

[43] S. P. Han and O. L. Mangasarian. A dual differentiable exact penalty function. Math. programming, 1978, 14: 73 - 86.

[44] S. Lucidi. new results on a continously defferentiable exact penalty function. SIAM Journal on Optimization, 1992, 2: 558 - 574.

[45] G. Di Pillo and L. Grippo. A continously defferentiable exact penalty function for nonlinear programming problems with inequality constraint. SIAM J. Control Optim., 1985, 23: 72 - 84.

[46] G. Di Pillo and L. Grippo. Exact penalty functions in constrained optimization. SIAM J. Control Optimization, 1989, 27(6): 1333 - 1360.

[47] G. Di Pillo Exact penalty methods. Algorithms for Continuous Optimization, E. Spedicato (ed). Kluwer

Academic Publishers, 1994: 209 - 253.

[48] R. T. Rockafellar. Augmented lagrange multiplier functions and duality in noncovex programming. SIAM J. Control Optim. , 1974, 12: 268 - 285.

[49] X. X. Rubinov, B. M. Glover, and X. Q. Yang. Convergence analysis of a class of nonlinear penalization methods for constrained optimization via first-order necessary optimality condition. Journal of Optimization Theory and Application, 2003, 116(2): 311 - 332.

[50] A. M. Rubinov, B. M. Glover, and X. Q. Yang. Decreasing Functions with Applications to Penalization. SIAM J. OPTM. , 1999, 10(1): 289 - 313.

[51] A. M. Rubinov, B. M. Glover, and X. Q. Yang. B. M. Glover, and X. Q. Yang, Extended lagrangian and penalty functions in continuous optimization, 1999, 46: 327 - 351.

[52] A. M. Rubinov, X. Q. Yang, A. M. Bagirow. Penalty functions with a small penalty parameter. Optimization Methods and Softwear, 2002, 17: 931 - 964.

[53] A. M. Rubinov and R. N. Gasimov. Strictly increasing positively homogeneous functions with application to exact penalization. Optimization, 2003, 52(1): 1 - 28.

[54] D. Goldfarb, R. Polyak, K. Scheinberg and I. Yuzefovich. A modified barrieraugmented lagrangian method for constrianed minimization. Computation and Application, 1999, 14: 55 - 74.

[55] R. Polyak. Modified barrier functions (theory and methods). Mathematical Programming, 1992, 54: 177 - 222.

[56] A. N. Iusem, B. Svaiter, and M. Teboulle. Entropy-like proximal methods in convex programming. Math. Oper.

Res, 1994, 19: 790 - 814.

[57] A. Auslender, R. Cominett and M. Haddou. Asyaptotic analysis of penalty and barrier methods in convex and linear programming. Math. Oper. Res, to appear, 1997.

[58] Aharon Ben-tal and Michael Zibulevsky. Penalty/Barrier multiplier methods for convex programming problems. SIAM, J. Optim. 1997, 7: 347 - 366.

[59] Benjamin W. Wah and Tao Wang. Efficient and adaptive lagrange-multiplier methods for nonlinear continuous global optimization. Journal of Global Optimization, 1999, 14: 1 - 25.

[60] X. L. Sun, D. Li. A logarithmic-expeneatial penalty formulation for nonlinear integer programming. Applied Mathematics Letters, 1999, 12(3): 73 - 77.

[61] L. S. Zheng, F. S. Bai and Q. Y. Xu. Some smooth global exact penalty functions for nonlinear integer programming. OR Transaction, 2003, 7(1): 19 - 27.

[62] D. P. Bertsekas. Nondifferentiable optimization via approximation. Mathematical Programming Study 3, M. Balinski and P. Wolfe(Eds.), North-Holland, Amsterdam, 1975: 1 - 25.

[63] M. C. Pinar and S. A. Zenios. On smoothing exact penalty functions for convex constrained optimization. SIAM J. Optimization, 1994, 4(3): 486 - 511.

[64] S. A. Zenios, M. C. Pinar. A smooth penalty function algorithm for networkstructured problems. European Journal of Opreational Research, 1995, 83: 220 - 236.

[65] Serge Lang. Real analysis. Addison-Wesley Publisher. 1983. 106.

[66] J. H. Wilkinson. The Algebraic Eigenvalue Problem. Clarendon Press. 1965. 54.

[67] Wang Songgui, Jia Zhongzhen. Inequality of matrix theory. Anhui Education Press, in Chinese 1994. 126.

[68] O. Guler. Complexity of Smooth Convex Programming and it Applications, Complexity in Numerical Optimization, by P. M. Pardalas. ED. 1993: 180-202.

[69] M. S. Bazaraa, H. D. Sherali and C. M. Shetty. Nonlinear Programming: Theory and Algorithms. Second Edition, New York: John Wiley and Sons, Inc. 1993: 504-505.

[70] M. S. Bazaraa, H. D. Sherali and C. M. Shetty. Nonlinear Programming: Theory and Algorithms. New York: Second Edition, John Wiley and Sons, Inc. 1993: 419-420.

[71] M. S. Bazaraa, H. D. Sherali and C. M. Shetty. Nonlinear Programmiag: Theory and Algorithms. New York: Second Edition, John Wiley and Sons, Inc. 1993: 451-454.

[72] D. P. Bertsekas. Nonlinear Programming. Belment: Second edition, Athena Scientific, Massachusetts, 1999.

[73] M. S. Bazaraa, H. D. Sherali and C. M. Shetty. Nonlinear Pragramming: Theory and Algorithms. New York: Second Edition, John Wiley and Sons, Inc. 1993: 142-143.

[74] J. Burke. Calmness and exact penalization. SIAM journal on Control and Optimization, 29(1991), 493-497.

[75] 郑权,张连生. 罚函数与带不等式约束的总极值问题. 计算数学,1980,3: 146-153.

[76] 张连生. L_1 精确罚函数和约束总极值问题. 高校计算数学学报,1988,2: 141.

[77] M. Sinelair. An exact peralty function opproach for nonlinear integer programming problems. European J. Oper. Res.,

1986, 27: 50 - 56.

[78] Fisher. M. L. The lagrangian relaxation methed for solving integer programming. Managment Sci., 1981, 27: 1 - 18.

[79] Geoffirion. A. M. Lagrangian relaxation for integer programming. Math. Programming Study., 1974, 2: 82 - 114.

[80] M. Guignard and S. Kim. Lagrangian decomposition: A model yielding stronger Lagrangian relaxation bourods. Math. Program., 1993, 33: 262 - 273.

[81] Llewellgn, D. C. J. Ryan. A primal dual integer poogramming algorithm. Discrete Appl. Math., 1993, 45: 262 - 273.

[82] Michelon, P., N. Maculam Lagrangian decomposition for integer nonlinear programming with linear contraits. Math. Program. 1991, 52: 303 - 313.

[83] X. L. Sun and D. Li. Asymptotic strong dualty for bounded integer programming: a logarithmic-exponential dual formulation. Math. Oper. Res., (2000).

[84] Barhen, J. Protoporescu, V., and Reister, D.. TRUST: A deterministic Algorithm for Global Optimization. Science, Vol. 276, 1094 - 1097, 1997.

[85] Host, R. Pardalos, P. M., and Thoal, N. V.. Introduction to Global Optimization. Netherland: Kluwer Academic Published, Dordrecht, 1996.

[86] W. Conley. Computer Optimization Techniques. Pertrocell: Books Inc. 1980.

[87] Cvijovic, D, . and Klinowski, J.. Tabao search: An approach to the multiple minima problem, Science, Vol. 267, 664 - 666, 1995.

[88] Dixon, L. C. W., Gomulka, J., and Herson, S. E.. Reflection on global optimization problems, Optimization in

Academic Press, New York, 1976, 398 - 435.

[89] PARDALOS, P. M. AND ROSEN, J. B.. Constrained Global Optimization Algorithms and Applications, Springer-Verlag, Berlin, 1987.

[90] Horst, R., and Tuy, H.. Global Optimization: Determistic Approaches. Heidelberg: Second Edition, Spring-Verlag, 1993.

[91] C. E. Blair and G. R. Jeroslew. A Exact penalty method for mixed-integer programming. Math. of O. R. Vol. 6, No. 1 1981.

[92] Bazaraa, M. S. and Goode, J. J.. Sufficient Conditions for a Globally Exact Penalty Function without Convexity. Math. Prog. Study, 19(1982).

[93] Burke, J. V.. Calmness and Exact Penalization, SIAM J. Control and Optimization, 29(2)(1991).

[94] Bertsekas, D. P.. Necessary and Sufficient Conditions for a Penalty Method to the Exact, Math. Prog., 9(1975).

[95] D. P. Bertsekas. Nonlinear Programming, Second edition, Athena Scientific, Belment, Massachusetts, 1999: 298 - 313.

[96] 徐增坤. 数学规划导论. 北京：科学出版社，2000.

[97] P. Wolfe. A duality theorem for nonlinear programming. Quarterly of Applied Mathematics, 1961, 19, 219 - 224.

[98] J. V. Burke. Calmress and exact penalization. SIAM J. Control and Optimization, 1991. 29(2): 493 - 497.

[99] M. W. Cooper. A survey of methods for pure nonlinear programming. Management Sci, 1981, 27(3): 353 - 361.

[100] R. W. Cottle. Synmetric dual quadratic programs. Quart. Applied Mathematics, 1963, 21: 237 - 243.

[101] J. S. Pang. Error bounds in mathematical programming. Mathematical Programming, 1997, 79: 299 - 332.

[102] M. C. Pinar and S. A. Zenios. On smoothing exact penalty functions for convex constrained optimization. SIAM J. Optimization, 1994, 4(3): 486 - 511.

[103] Litinetski V. V., Abramzon B. M. MARS — A Multistart Adaptive Random Search Method for Global Constrained Optimization in Engineering Applications. Engineering Optimization, 1998, 30: 125 - 154.

[104] Mayne D. Q., Polak E. Outer Approximation Algorithm for Nondifferentiable Optimization Problems. Journal of Optimization Theory and Applications, 1984, 42: 19 - 30.

[105] Megiddo N., Supowit K. J. On The Complexity of Some Common Geometric Location Problems. SIAM Journal on Computing, 1984, 13: 182 - 196.

[106] Ratschek H., Rokne J. New Computer Methods for Global Optimization. Ellis Horwood Limited, 1988.

[107] Rubinov A., Andramonov M. Lipschitz Programming Vis Increasing Convexalong-rays Function. Research Report 14/98, school of Information Technology and Mathematical Sciences, University of Ballarat, 1998.

[108] Ryoo H. S., Sahinidis N. V. A Branch-and-Reduce Approach to Global Optimization. Journal of Global Optimization, 1996, 8: 107 - 138.

[109] Schmidt W. M. Simultaneous Approximation to Algebraic Numbers by Rationals. Acta Mathematics, 1970, 125: 189 - 201.

[110] Sengupta S. Global Nonlinear Optimization. Ph. D. thesis, Washington State University, Pullman, Washington, 1981.

[111] Thach P. T., Tuy H. Global Optimization under Lipschitzian Constraints. Japan Journal of Applied Mathematics, 1987, 4:

205 - 217.

[112] Thoai N. V. A Modified Version of Tuy's Method for Solving D. C. Programming Probloms. Optimization, 1988, 19: 665 - 674.

[113] Tuy H. Global Minimization of a Difference of Two Convex Functions. Mathematical Programming Study, 1987, 30: 150 - 182.

[114] Tuy H. D. C. Optimization: Theory, Methods And Algorithms. in: Handbook of Global Optimization, eds. R. Horst and P. M. Pardalos, dordrecht: Kluwer, 1994, 149 - 216.

[115] Tuy H. Convex Analysis and Global Optimization, Nonconvex Optimization and Its Applications. Volume 22, Kluwer Academic Publishers, 1998.

[116] Wood G. R., Zhang B. P. Estimation of the Lipschitz Constant of a Function. Journal of Global Optimization, 1996, 8: 91 - 103.

[117] Zheng Q., Zhang L. S. Global Minimization of Constrained Problems with Discontinuous Penalty Functions. Journal of Computers and Mathematics with Application, 1999, 37: 41 - 58.

[118] Bertsekas D. P. Necessary and Sufficient Conditions for A Penalty Method to Be Exact. Mathematical Programming, 1975, 9: 87 - 99.

[119] Yirong Yao, Liansheng Zhang, Weiwen Tian. Exact Penalty Function for Mixed-Integer Programming, OR Transaction, 2002, 6(4): 1 - 7.

[120] 姚奕荣,韩伯顺,张连生. 寻求全局最优解的一个新的填充函数. 上海大学学报(自然科学版),2004,10(1): 64 - 66.

[121] Liansheng Zhang, Wei Chen, Yirong Yao. Global Optimality Conditions for 0－1 Quadratic Programming with Inquality Constraints. 越民义主编，数学规划国际会议论文集，上海大学出版社，2004: 449－457.

[122] Yirong Yao, Liansheng Zhang, Boshun Han. Newton Method for Solving A class of Smooth Convex Programming.（已投《应用数学和力学学报(英文版)》）

[123] L. S. Zhang, D. Li, X. Q. Yang, and Y. R. Yao. A New Exponential Multiplier Penalty Function with A Superlinear Convergence Rate. Submitted to J. O. T. A.

[124] L. S. Zhang, Y. R. Yao. A Exact Modified Log-Barrier Multiplier Penalty Function. Submitted to J. A. M.

[125] B. S. Han, Y. R. Yao, L. S. Zhang. An Approximately Penalty Function for Constrained Optimization. 已投上海大学学报(英文版).

[126] Y. R. Yao, B. S. Han, L. S. Zhang. Exact Multiplier Penalty Function.（已投《运筹学报》）

攻读博士学位期间完成的学术论文

[1] Yirong Yao, Liansheng Zhang, Weiwen Tian. Exact Penalty Function for Mixed-Integer Programming. OR Transaction, 6(4): 1-7,2002.

[2] 姚奕荣,韩伯顺,张连生. 寻求全局最优解的一个新的填充函数. 上海大学学报(自然科学版),10(1): 64-66, 2004.

[3] Liansheng Zhang, Wei Chen, Yirong Yao. Global Optimality Conditions for 0-1 Quadratic Programming with lnquality Constraints. 越民义主编,数学规划国际会议论文集,上海大学出版社,449-457,2004.

[4] Yirong Yao, Liansheng Zhang, Boshun Han. Newton Method for Solving A class of Smooth Convex Programming. (已投《应用数学和力学学报(英文版)》)

[5] L. S. Zhang, D. Li, X. Q. Yang, and Y. R. Yao. A New Exponential Multiplier Penalty Function with A Superlinear Convergence Rate. Submitted to J. O. T. A.

[6] L. S. Zhang, Y. R. Yao. A Exact Modified Log-Barrier Multiplier Penalty Function. Submitted to J. A. M.

[7] B. S. Han, Y. R. Yao, L. S. Zhang. An Approximately Penalty Function for Constrained Optimization. (已投《上海大学学报(英文版)》)

[8] Y. R. Yao, B. S. Han, L. S. Zhang. Exact Multiplier Penalty Function. (已投《运筹学报》)

致　谢

在论文行将完成之际，我由衷地感谢我的导师张连生教授多年来一直所给予我的无微不至的关怀和学业上的精心指导，同时要感谢师母陈春华十多年来一直对我慈母般的关爱、无私的帮助和鼓励。在这多年寒窗期间，许多往事历历在目，令人终身难忘。张老师严谨治学、严于律己、锐于进取、不断创新的科学精神，永远是是我今后人生努力的目标。

时过境迁，我非常感谢上海大学理学院汤生江书记等给予的支持和帮助。同时，我还要感谢我的师兄弟韩伯顺、师姐妹田蔚文等多年来所给予的帮助和支持及良好的合作。也感谢上海大学数学系的领导和同事们的支持和帮助，特别是我所在的教研室郑权教授、孙世杰教授和邬冬华教授以及教研室同事们的支持和帮助。在此我要感谢所有在我学业和工作上与我合作，给予我帮助的人们。

饮水思源，最后我要感谢我的夫人张丽苹多年来的无私奉献，几乎我所有完成的研究工作都包含着她付出的汗水和心血，同时我要感谢我儿子姚雷熠给我的信心和勇气，他们是我能继续深造且完成学业的原动力。